全国中等职业学校机械类专业通用

全国技工院校机械类专业通用（中级技能层级）

数控加工基础（第五版）习题册

崔兆华　主编

中国劳动社会保障出版社

简　介

本习题册是全国中等职业学校机械类专业通用教材/全国技工院校机械类专业通用教材（中级技能层级）《数控加工基础（第五版）》的配套用书。本习题册紧扣教学要求，按照教材章节顺序编排，知识点分布均衡，题型丰富多样，难易配置适当，有助于学生复习巩固所学知识。

本习题册由崔兆华任主编，官德瑞、郭磊参加编写；武玉山任主审，孙喜兵参加审稿。

图书在版编目(CIP)数据

数控加工基础（第五版）习题册/崔兆华主编. -- 北京：中国劳动社会保障出版社，2022

全国中等职业学校机械类专业通用　全国技工院校机械类专业通用. 中级技能层级
ISBN 978-7-5167-5443-6

Ⅰ. ①数…　Ⅱ. ①崔…　Ⅲ. ①数控机床-加工-中等专业学校-习题集　Ⅳ. ①TG659-44

中国版本图书馆 CIP 数据核字(2022)第 160357 号

中国劳动社会保障出版社出版发行
（北京市惠新东街 1 号　邮政编码：100029）
*
北京市白帆印务有限公司印刷装订　　新华书店经销
787 毫米×1092 毫米　16 开本　7 印张　163 千字
2022 年 10 月第 1 版　　2023 年 12 月第 2 次印刷
定价：14.00 元

营销中心电话：400-606-6496
出版社网址：http://www.class.com.cn
http://jg.class.com.cn

目　录

第一章　数控机床基础知识

§1-1　数控机床概述

一、填空题（将正确答案填写在横线上）

1. 按加工要求预先编制的程序，由控制系统发出________指令对工件进行加工的机床，称为数控机床。

2. 数控机床一般由控制介质、________、伺服系统、测量反馈装置和机床主体组成。

3. 将零件加工信息传送到数控装置的程序载体是________。

4. 数控机床的中枢是________，它将接收到的全部功能指令进行解码、运算，然后有序地发出各种需要的运动指令和各种机床功能的控制指令，直至运动和功能结束。

5. 伺服系统由驱动装置和执行部件组成，它是数控机床的________机构。

6. 伺服系统分为________伺服系统和________伺服系统。

7. 伺服系统的作用是把来自________的指令信号转换为机床移动部件的运动。

8. 测量反馈装置的作用是通过测量元件将机床移动的实际位置、速度参数检测出来，转换成电信号，并反馈到________装置中。

9. 测量反馈装置安装在数控机床的________或________上。

10. 机床主体是数控机床的本体，主要包括床身、________、进给机构等机械部件，还有冷却、润滑等辅助装置。

二、判断题（正确的，在括号内打“√”；错误的，在括号内打“×”）

1. 数控机床是在普通机床的基础上将普通电气装置更换成 CNC 控制装置。（　）

2. 数控机床必须应用控制介质向数控装置传递加工程序。（　）

3. MDI 键盘和显示器是数控系统不可缺少的人机交互设备。（　）

4. 进给伺服系统的性能是决定数控机床加工精度和生产效率的主要因素之一。（　）

5. 适应性强是数控机床最突出的优点，也是数控机床得以产生和迅速发展的主要原因。（　）

6. 就所加工工件的尺寸一致性而言，数控机床不如普通机床。（　）

三、选择题（将正确答案的序号填写在括号内）

1. 下列特点中，数控机床不具备的是（　）。

A. 适应性强　　B. 高效率

C. 加工的零件精度高，质量稳定　　D. 大批量生产

2. 数控机床的核心是（　　）。

A. 伺服装置　　B. 计算机数控装置

C. 反馈装置　　D. 检测装置

3. 数控机床的进给运动是由（　　）完成的。

A. 进给伺服系统　　B. 主轴伺服系统

C. 辅助控制系统　　D. 数控装置

4. 数控机床是（　　）技术与机床相结合的产物。

A. 计算机　　B. 数字控制　　C. 通信　　D. 电子

5. 世界上第一台数控机床是（　　）年研制出来的。

A. 1930　　B. 1949　　C. 1952　　D. 1958

6. 数控机床是在（　　）诞生的。

A. 日本　　B. 美国　　C. 德国　　D. 中国

四、名词解释

1. 数控机床

2. 数控技术

3. 控制介质

五、简答题

1. 数控机床主要由哪几部分组成？

2. 数控装置有何作用？

3．伺服系统有何作用？

4．测量装置有何作用？

5．简述数控机床的工作过程。

6．与普通机床相比，数控机床有哪些特点？

§1－2　数控机床的分类及常见数控机床简介

一、填空题（将正确答案填写在横线上）

1．数控机床按其进刀与工件相对运动方式可以分为________________控制数控机床、直线控制数控机床和________________控制数控机床。

2．轮廓控制方式就是刀具与工件做相对运动时，能对________________或________________坐标轴的运动同时进行控制。

3．数控机床按照对被控量有无检测装置可分为________________控制和闭环控制两种。在闭环系统中，根据检测装置安放的部位又可分为全闭环控制和________________闭环控制两种。

4．开环控制的伺服系统主要使用________________电动机。

5. 半闭环控制系统不是直接检测工作台的位移量，而是采用________________检测元件，测出伺服电动机或丝杠的转角，推算出工作台的实际位移量。

6. 数控车床是当今国内外使用量较大、覆盖面较广的一种数控机床，主要用于________________工件的加工。

7. 加工中心备有刀库，具有________________功能，是对工件一次装夹后进行多工序加工的数控机床。

8. 数控磨床是利用________________对工件表面进行磨削加工的数控机床。

9. 数控电火花成形机床的工作原理是利用两个不同极性的电极在绝缘液体中产生________________现象，去除材料进而完成加工。

10. 数控线切割机床的工作原理与数控电火花成形机床一样，其电极是____________，加工液一般采用去离子水。

二、判断题（正确的，在括号内打“√”；错误的，在括号内打“×”）

1. 数控铣床属于直线控制系统。（ ）
2. 点位控制的特点是可以以任意途径到达要计算的点，因为在定位过程中不进行加工。（ ）
3. 直线控制数控机床只要求获得准确的点定位精度。（ ）
4. 轮廓控制就是刀具与工件相对运动时，能对两个或两个以上坐标轴的运动同时进行控制。（ ）
5. 数控机床按控制系统的特点可分为开环、闭环和半闭环系统。（ ）
6. 半闭环伺服系统的位置检测装置通常安装在机床工作台上。（ ）
7. 闭环伺服系统的位置检测装置通常安装在伺服电动机上。（ ）
8. 数控铣床和加工中心都属于轮廓控制机床。（ ）

三、选择题（将正确答案的序号填写在括号内）

1. 按进刀与工件相对运动方式，数控车床属于（ ）。

A. 点位控制　　B. 直线控制

C. 轮廓控制　　D. 都不是

2. 加工平面曲线轮廓或空间曲面轮廓，应选用（ ）数控机床。

A. 点位直线控制　　B. 直线控制

C. 点位控制　　D. 轮廓控制

3. 闭环控制数控车床与半闭环控制数控车床的主要区别在于（ ）。

A. 位置控制器　　B. 测量装置的安装位置

C. 伺服控制单元　　D. 数控系统性能优劣

4. 采用间接方式测量机床工作台位移量的伺服控制系统是（ ）。

A. 开环伺服系统　　B. 半闭环伺服系统

C. 闭环伺服系统　　D. 混合环伺服系统

5. 下列不属于数控机床的是（ ）。

A. 数控三坐标测量机　　B. 仿形车床

C. 绘图仪　　　　　　　　　　　　　　D. 数控线切割机床

6. 加工中心与一般数控机床的显著区别是（　　）。

A. 采用 CNC 数控系统

B. 操作简便，精度高

C. 具有对零件进行多工序加工能力

D. 高速、高效、高精度

四、简答题

1. 按进刀与工件相对运动方式，数控机床可分为哪几类？各有何特点？

2. 按控制方式，数控机床可分为哪几类？各有何特点？

五、应用题

查阅资料，识别表 1－1 中给出机床的类型，并列出该类机床的主要用途。

表 1－1

机床外观	机床类型	主要用途

机床外观	机床类型	主要用途
 VMC1200L		
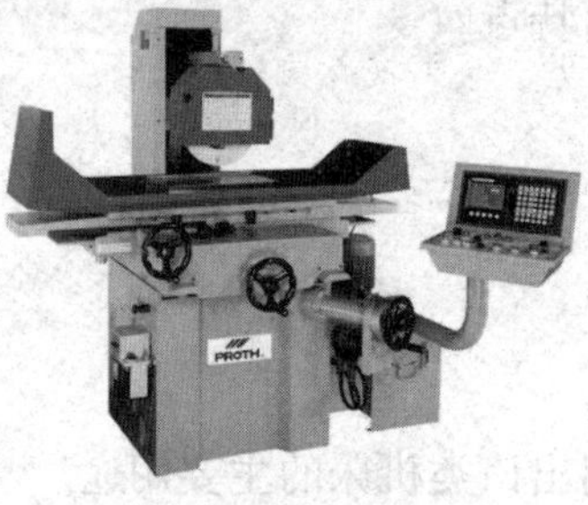 PROTH		
 OPTIMUM OCD-3240 PALMARY		

§1－3　数控机床坐标系

一、填空题（将正确答案填写在横线上）

1．标准的数控机床坐标系是一个________________坐标系。

2．对于各坐标轴的运动方向，均将________________刀具与工件距离的方向确定为各坐标轴的正方向。

3. Z 坐标轴的运动方向是由＿＿＿＿＿＿＿＿＿＿＿＿＿＿＿＿所决定。

4. 在确定数控机床坐标系的方向时，始终假定＿＿＿＿＿＿＿＿＿是静止的，而＿＿＿＿＿＿＿＿＿是运动的。

5. 围绕 X、Y、Z 坐标轴的旋转坐标轴分别用＿＿＿＿＿＿＿＿表示，其正方向用右手定则确定。

6. 对于数控车床而言，X 坐标轴方向规定为工件的＿＿＿＿＿＿＿＿且平行于车床的横导轨。同时也规定其刀具＿＿＿＿＿＿＿＿工件的方向为 X 坐标轴的正方向。

7. 为了使编程人员能够直接根据图样进行编程，通常在工件上选择确定一个与机床坐标系有一定关系的坐标系，这个坐标系即称为＿＿＿＿＿＿＿＿坐标系。

8. 数控车床的机床原点一般为主轴回转中心与＿＿＿＿＿＿＿＿的交点。

9. 数控铣床的机床原点一般设在 X、Y、Z 坐标轴的＿＿＿＿＿＿＿＿极限位置上。

10. 机床参考点的位置是由机床制造厂家在每个进给轴上用＿＿＿＿＿＿＿＿开关精确调整好的，坐标值已输入数控系统中。

11. 车削类零件 X 向编程原点均取在＿＿＿＿＿＿＿＿线上，Z 向编程原点一般取工件左端面或右端面中心处。

12. 刀位点是指刀具的＿＿＿＿＿＿＿＿基准点。不同的刀具刀位点不同。

13. 对刀点是数控加工中刀具相对工件运动的＿＿＿＿＿＿＿＿点，也可以叫作程序起点或起刀点。

14. 对刀是数控加工中的一项很重要的准备工作。所谓对刀，是指使＿＿＿＿＿＿＿＿点与对刀点重合的操作。

15. 数控车床、加工中心等多刀加工的机床为换刀而设置的点，称为＿＿＿＿＿＿＿＿点。

二、判断题（正确的，在括号内打“√”；错误的，在括号内打“×”）

1. 在机床坐标系中，规定传递切削动力的主轴轴线为 X 坐标轴。（ ）

2. Z 坐标轴的正方向是刀具远离工件的方向。（ ）

3. 数控机床的 X 坐标轴是水平的，Z 坐标轴是竖直的。（ ）

4. 数控机床旋转轴之一的 B 轴是绕 X 坐标轴旋转的轴。（ ）

5. A、B、C 轴的正向为在 X、Y 和 Z 坐标方向上按左旋螺纹前进的方向。（ ）

6. 机床参考点是数控机床上固有的机械原点，该点到机床坐标原点在进给坐标轴方向上的距离可以在机床出厂时设定。（ ）

7. 数控机床的机床坐标原点和机床参考点是重合的。（ ）

8. 编程坐标系是标准坐标系。（ ）

9. 通常在命名或编程时，不论何种机床，都一律假定工件静止、刀具移动。（ ）

10. 开机回参考点的目的就是建立工件坐标系。（ ）

11. 选择工件原点时，最好把工件原点放在零件图样上的尺寸能够方便地转换成坐标值的地方。（ ）

12. 铣削类零件的编程原点一般选在作为设计基准或工艺基准的端面或孔轴线上。（ ）

13. 平头立铣刀、端铣刀类刀具，刀位点为它们的底面中心。（　　）

14. 选择对刀点的原则是：找正容易，编程方便，对刀误差小，加工时检查方便、可靠。（　　）

15. 机床参考点在机床坐标系中的坐标值由系统设定，用户不能改变。（　　）

16. 数控车床坐标系中没有 Y 坐标轴。（　　）

17. 编制程序时一般以机床坐标系零点作为坐标原点。（　　）

18. 配置后置刀架的数控车床，其坐标系采用的是左手直角笛卡儿坐标系。（　　）

19. 数控机床坐标系中 $+X'$ 与 $+X$ 表示的运动方向相同。（　　）

20. 数控机床原点是编程人员设置的。（　　）

21. 钻头的刀位点为钻尖，球头铣刀的刀位点为球心。（　　）

三、选择题（将正确答案的序号填写在括号内）

1. 数控机床坐标系是采用（　　）确定的。

A. 左手坐标系　　B. 右手笛卡儿直角坐标系

C. 工件坐标系　　D. 左手笛卡儿直角坐标系

2. 对于机床原点、工件原点和机床参考点应满足（　　）。

A. 机床原点与机床参考点重合

B. 机床原点与工件原点重合

C. 工件原点与机床参考点重合

D. 三者均没有重合要求

3. 数控车床的主轴轴线平行于（　　）轴。

A. X　　B. Y　　C. Z　　D. C

4. 数控车床旋转轴之一的 C 轴是绕（　　）坐标轴旋转的轴。

A. X　　B. Y　　C. Z　　D. W

5. 数控机床有不同的运动形式，需要考虑工件与刀具的相对运动关系及坐标方向，编写程序时，采用（　　）的原则编写程序。

A. 刀具固定不动，工件移动

B. 分析机床运动关系后再根据实际情况确定

C. 工件固定不动，刀具移动

D. 以上都不对

6. 机床上一个固定不变的极限点是指（　　）。

A. 机床参考点　　B. 工件原点　　C. 对刀点　　D. 换刀点

7. 根据加工零件图样选定的编制零件程序的原点是（　　）。

A. 机床参考点　　B. 工件原点　　C. 加工原点　　D. 刀具原点

8. 数控机床的“回零”操作是指回到（　　）。

A. 对刀点　　B. 工件原点　　C. 机床参考点　　D. 编程原点

9. 确定数控机床坐标轴时，先确定（　　）轴。

A. X　　B. Y　　C. Z　　D. C

10. 对于卧式铣床，Z 坐标轴是水平的，当由主要刀具的主轴向工件看时，X 运动的正方向指向（　　）。

A. 前方　　B. 后方　　C. 左方　　D. 右方

四、名词解释

1. 机床原点

2. 机床参考点

3. 刀位点

4. 对刀点

五、简答题

1. 确定数控机床坐标系的原则有哪些？

2. 如何确定数控车床的坐标系？

3. 如何确定数控铣床的坐标系？

4. 数控机床的机床原点、工件原点、机床参考点有何不同？

六、作图题

1. 画出图 1－1 至图 1－3 所示数控机床的机床坐标系。

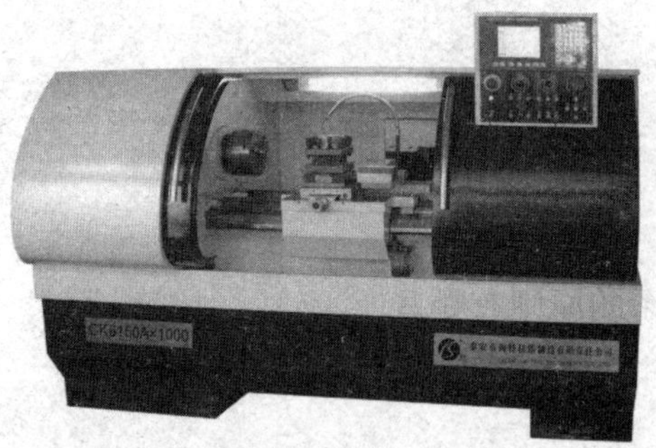

图 1－1

图 1－2

图 1－3

2. 试设计图 1－4 至图 1－7 所示零件图样的工件坐标系。

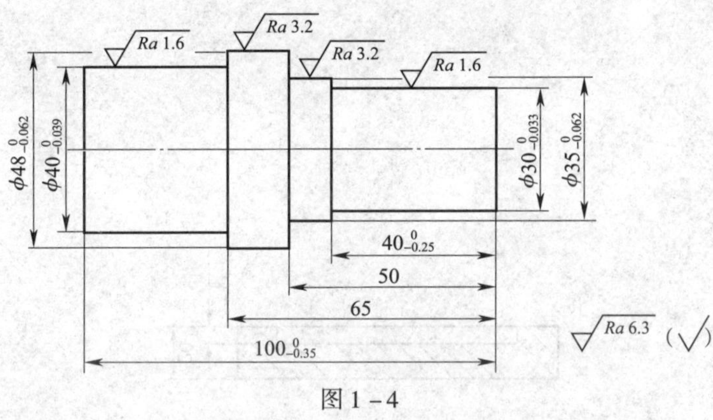

图 1－4

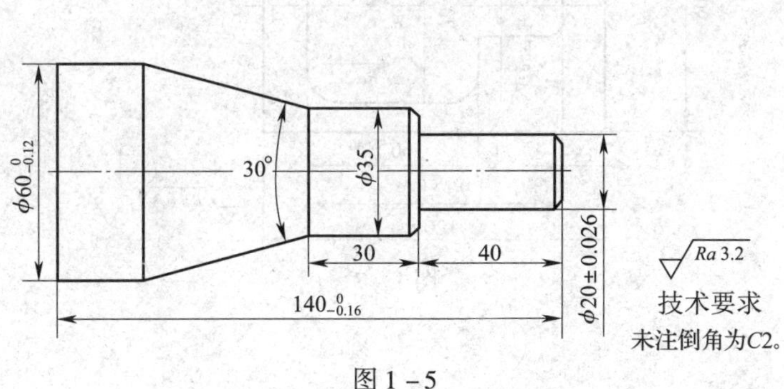

图 1－5

10
15
20
ϕ44
ϕ80
ϕ30
20
ϕ100
Ra 3.2

图 1－6

7+0.022 0
20
R10
R7
R22
90
70+0.046 0
24+0.033 0
Ra 3.2
15
60+0.046 0
90+0.054 0
120
Ra 6.3
(√)

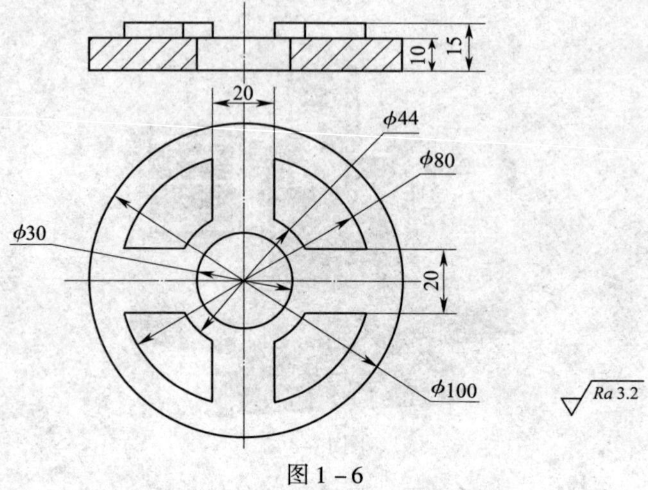

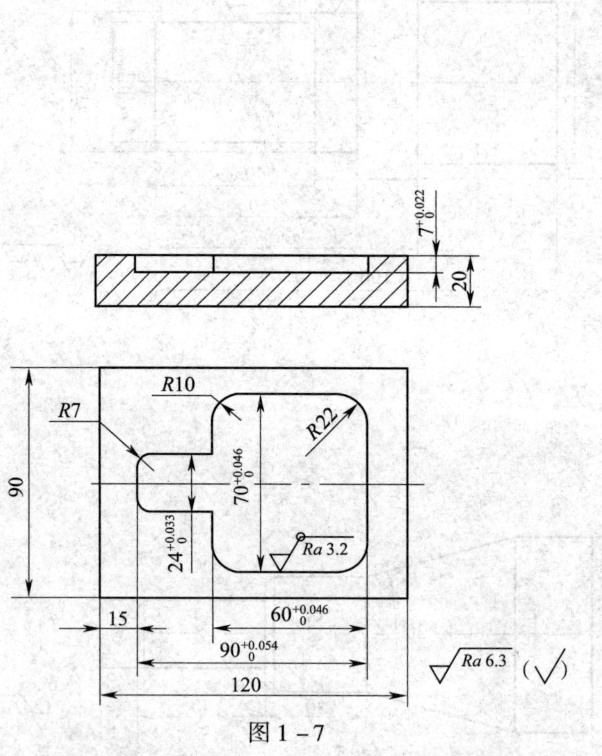

图 1－7

第二章　数控机床编程基础

§2－1　数控加工工艺的制定

一、填空题（将正确答案填写在横线上）

1．编程原点一般情况下选择在尺寸基准或________________基准上。

2．数控加工的特点对夹具提出了两个基本要求：一是保证夹具的坐标方向与机床的坐标方向相对固定；二是要能协调零件与________________坐标系的尺寸。

3．所谓加工路线，是指数控机床在加工过程中________________相对于工件的运动轨迹。

4．为保证工件轮廓表面加工后表面粗糙度的要求，最终完工轮廓应由最后一刀__________加工而成。

5．在铣削平面轮廓零件外形时，应当避免________________切入和切出零件轮廓，而应沿零件轮廓外形的延长线切入或切出零件轮廓。

6．在刚度允许的情况下，尽可能选取较大的________________，以减少走刀次数，提高生产率。

7．数控加工________________卡是调刀人员调整刀具、操作人员进行刀具数据输入的主要依据。

二、判断题（正确的，在括号内打“√”；错误的，在括号内打“×”）

1．在数控机床上加工零件与在普通机床上加工零件所涉及的工艺问题大致相同，处理方法也无多大差别。（　）

2．普通机床无法加工的内容应优先选用数控机床加工。（　）

3．需要通过较长时间占机调整的加工内容，如零件的粗加工，特别是铸、锻毛坯零件的基准平面、定位面等部位的加工，不适合采用数控机床加工。（　）

4．应杜绝把数控机床当作普通机床来使用。（　）

5．对数控加工来说，最倾向于以同一基准引注尺寸或直接给出坐标尺寸，这种标注法既便于编程，也便于尺寸之间的相互协调。（　）

6．刀具的进、退刀路线须认真考虑，要尽量避免在轮廓处接刀。（　）

7．机床和夹具的刚度不影响切削用量的选择。（　）

8．在刚度允许的情况下，尽可能选取较小的背吃刀量。（　）

9．单件小批量生产时，应优先使用专用夹具。（　）

10．夹具上的各零部件应不妨碍机床对工件各表面的加工。（　）

三、选择题（将正确答案的序号填写在括号内）

1．采用数控机床加工的零件应该是（　　）。

A．单一零件

B．中小批量、形状复杂、型号多变的零件

C．大批量的零件

D．铸、锻毛坯零件的基准平面

2．进行轮廓铣削时，应避免（　　）切入、法向退出工件轮廓。

A．切向　　B．法向　　C．直线　　D．圆弧

3．数控机床加工选择刀具时一般应优先采用（　　）刀具。

A．标准　　B．专用　　C．复合　　D．都可以

4．切削用量的三要素是指（　　）、背吃刀量和进给量。

A．切削速度　　B．主轴转速　　C．角速度　　D．加速度

5．工艺准备中的首要工作是（　　）。

A．零件图样分析　　B．数学处理

C．确定加工路线　　D．确定切削用量

四、名词解释

1．加工路线

2．工艺文件

3．数控加工工序卡

4．数控加工刀具卡

五、简答题

1. 适合采用数控加工的内容有哪些？

2. 不适合采用数控加工的内容有哪些？

3. 零件图样分析的内容有哪些？

4. 确定数控加工路线时，要考虑哪些内容？

5. 数控加工中，影响切削用量的主要因素有哪些？

六、应用题

1. 加工如图 2－1 所示输出轴零件 1 000 件，试确定加工用刀具，并设计加工工艺，填写表 2－1。

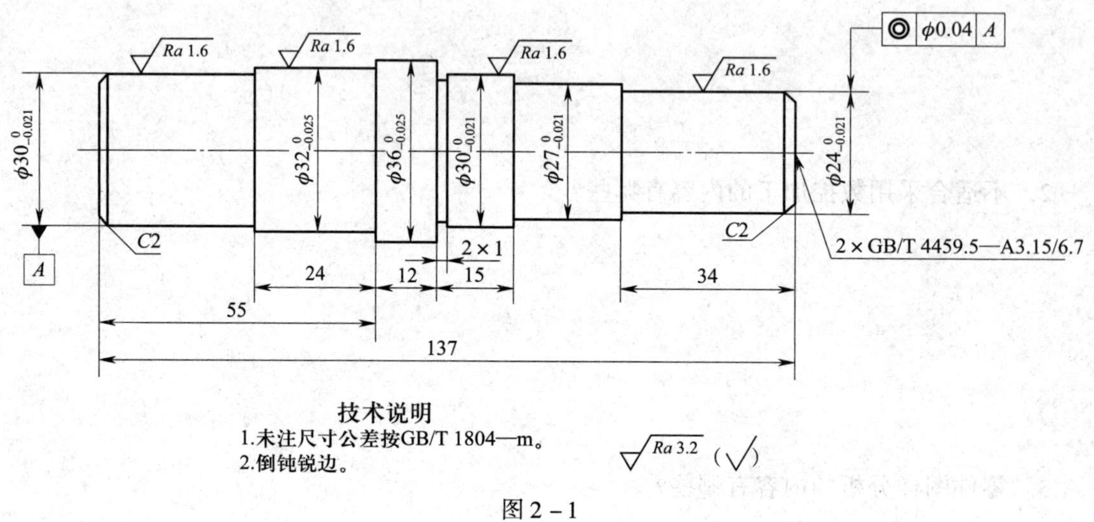

图 2－1

表 2－1

单位名称			产品名称或代号		零件名称		零件图号	
工艺序号	程序编号		夹具名称	夹具编号	使用设备		车间	
工步号	工步内容	加工部位	刀具号	刀具规格	主轴转速/（r·min^{-1}）	进给速度/（mm·min^{-1}）	背吃刀量/mm	备注
编制		审核		批准			共　页	第　页

2．加工如图 2－2 所示内轮廓，试确定加工用刀具，并设计其加工路线。

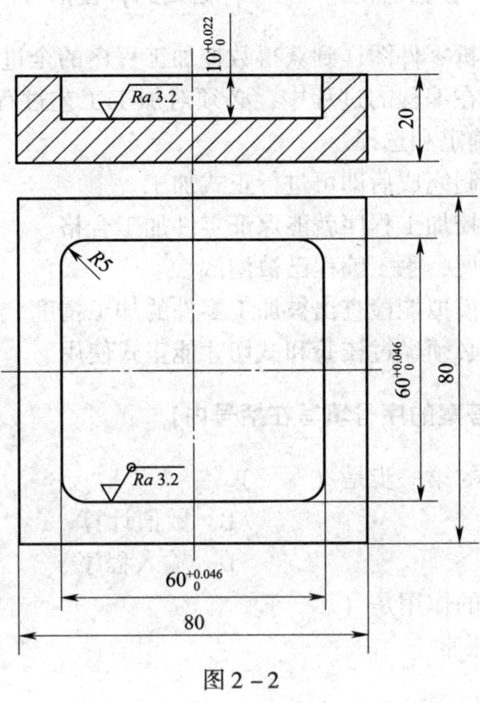

图 2－2

§2－2　数控加工程序及编制过程

一、填空题（将正确答案填写在横线上）

1．数控机床加工程序的定义是：按规定格式描述零件______________和加工工艺的数控指令集。

2．数控编程通常分为手工编程和______________编程两大类。

3．自动编程是利用______________来编制数控加工程序。

4．从零件图样分析、工艺处理、数值计算、编写零件加工程序单、程序输入直到程序校验等各阶段均由人工完成的编程方法称为______________编程。

5．由计算机完成程序编制中的大部分或全部工作的编程方法称为______________编程。

6．编制好的加工程序必须经过______________和试切才能正式使用。

二、判断题（正确的，在括号内打“√”；错误的，在括号内打“×”）

1. 数控编程是指从分析零件图样到获得数控加工程序的全过程。（　　）

2. 数控机床编程人员在编程的过程中，必须对加工工艺过程、工艺路线、刀具、切削用量等进行正确、合理的确定和选择。（　　）

3. 当数控加工程序编制完成后即可进行正式加工。（　　）

4. 经试加工验证的数控加工程序就能保证零件加工合格。（　　）

5. 随着自动编程的发展，手工编程已被淘汰。（　　）

6. 机床空运行和图形模拟能检查出被加工零件的加工精度。（　　）

7. 编制好的加工程序必须经过校验和试切才能正式使用。（　　）

三、选择题（将正确答案的序号填写在括号内）

1. 一般程序编制步骤的第一步是（　　）。

A. 制定加工工艺　　B. 数值计算

C. 编写零件程序　　D. 输入程序

2. 空运行与首件试切的作用是（　　）。

A. 检查机床是否正常

B. 提高加工质量

C. 检验参数是否正确

D. 检验程序是否正确及零件的加工精度是否满足图样要求

3. 数控机床加工零件的程序编制不仅包括零件工艺过程，还包括切削用量、走刀路线和（　　）。

A. 机床工作台尺寸　　B. 机床行程尺寸

C. 刀具尺寸　　D. 机床质量

四、名词解释

1. 数控加工程序

2. 基点

3. 节点

五、简答题

1. 手工编程有何意义？

2. 简述编程的步骤。

§2－3　数控加工代码及程序格式

一、填空题（将正确答案填写在横线上）

1. 数控加工程序常用的字符分为四类：第一类是字母，第二类是数字和小数点，第三类是________，第四类是功能字符。

2. 数控机床加工程序由若干________组成，每个________由按照一定顺序和规定排列的程序字组成。

3. 在数控加工程序中，________是指位于程序字头的字符或字符组，用以识别其后的数据。

4. 程序段号一般位于程序段开头，它由地址符________和随后 1～4 位数字组成。

5. 准备功能字的地址符为________，它是设立机床工作方式或控制系统工作方式的一种命令。

6. 尺寸字是由规定的________及后续的带正、负号或者带正、负号又有小数点的多位十进制数组成的。

7. 进给功能字的地址符为________________，它的功能是指定切削的进给速度。

8. 主轴转速功能字的地址符为________________，它主要用来指定主轴转速或速度，单位为 r/min 或 m/min。

9. 刀具功能字用地址符________________及随后的数字代码表示，它主要用来指定加工中所用刀具号及自动补偿编组号。

10. 在数控车床系统中，刀具号常采用 4 位数，一般前两位数字表示刀具的____________号，后两位数字表示刀具的________________号。

11. 辅助功能又称 M 功能或 M 指令，它是用以指定数控机床中辅助装置的开关动作或________________。

12. 所谓程序段，就是为了完成某一动作要求所需________________的组合。

13. 一个完整的数控加工程序由________________、程序内容和程序结束三部分组成。

14. 程序结束是以程序结束指令________________或________________来结束整个程序。

15. 主程序由指定加工顺序、刀具运动轨迹和各种辅助动作的程序段组成，它是加工程序的________________结构。

16. 主程序结束符为________________，子程序结束符为________________。

17. "M98 P200 L3;" 表示________________________________。

18. "M98 P30200;" 表示________________________________。

二、判断题（正确的，在括号内打"√"；错误的，在括号内打"×"）

1. X1234.56 是由 8 个字符组成的一个程序字。 (　　)

2. 程序段的顺序号，根据数控系统的不同，在某些系统中可以省略。 (　　)

3. 程序段号的数字可以不连续使用，也可以不从小到大使用。 (　　)

4. 所有 G 代码都是模态代码。 (　　)

5. 在程序段中 G 功能字一般位于尺寸字的后面。 (　　)

6. 不同的数控机床可能选用不同的数控系统，但数控加工程序指令都是相同的。 (　　)

7. 尺寸字可以使用公制，也可以使用英制，多数系统用准备功能字选择。 (　　)

8. 数控机床在输入程序时，对任何数控系统，坐标值不论是整数还是小数都不必加入小数点。 (　　)

9. 数控车床的刀具功能字 T 既指定了刀具数，又指定了刀具号。 (　　)

10. T0201 表示选用 1 号刀具。 (　　)

11. 功能字 M 代码主要用来控制机床主轴的开、停，切削液的开、关和工件的夹紧与松开等辅助动作。 (　　)

12. 一个完整的加工程序应包括程序号、程序内容和结束符号三部分。 (　　)

13. M02 是辅助功能代码，表示程序的结束并返回至程序开头。 (　　)

14. FANUC 数控系统中，M98、M99 是成对出现的。 (　　)

15. 数控机床上切削用量的选择原则是：保证加工精度和表面粗糙度，充分发挥刀具切

削性能，提高生产率等。（　　）

16. 一个主程序中只能调用一个子程序。（　　）

17. 子程序的编写方式必须是增量方式。（　　）

18. 按下控制面板上的循环启动键可取消 M00 状态，使程序继续向下执行。（　　）

19. “N10 S500 M03;”的意义为指定主轴以 500 r/min 的转速反转。（　　）

20. M30 表示程序结束并返回程序的第一条语句，准备下一个零件的加工。（　　）

21. M98 指令表示子程序运行结束，返回到主程序。（　　）

22. 每一个程序字是一个控制机床的具体指令，它是由英文字母和数字及符号组成的。（　　）

23. 使用地址符的程序段中的程序字数目是可变的，因此，程序段的长度也是可变的。（　　）

24. 为了区别存储器中的程序，每个程序都要有程序号。（　　）

三、选择题（将正确答案的序号填写在括号内）

1. 用于指定动作方式的准备功能的指令代码是（　　）代码。

A. F　　B. G　　C. T　　D. M

2. 用于机床开关指令的辅助功能的指令代码是（　　）代码。

A. F　　B. S　　C. M　　D. T

3. 只在本程序段有效，下一程序段需要时必须重写的代码称为（　　）代码。

A. 非模态　　B. 续效
C. 模态　　D. 准备功能

4. 以下指令中，（　　）是辅助功能。

A. G80　　B. M30　　C. Z80　　D. T1010

5. 用于机床刀具编号的指令代码是（　　）代码。

A. F　　B. T　　C. M　　D. S

6. 刀具指令 T1002 表示（　　）。

A. 刀号为 1，补偿号为 002　　B. 刀号为 10，补偿号为 02
C. 刀号为 100，补偿号为 2　　D. 刀号为 1002，补偿号为 0

7. 以下指令中，（　　）是坐标尺寸。

A. M03　　B. G90　　C. X25　　D. S700

8. 主轴表面恒线速度控制指令为（　　）。

A. G96　　B. G97　　C. G98　　D. G99

9. 数控机床主轴转速 S 指令的单位是（　　）。

A. mm/min　　B. mm/r　　C. r/min　　D. r/mm

10. 数控机床的 F 功能常用（　　）单位。

A. m/min　　B. mm/min 或 mm/r
C. m/r　　D. r/mm

11. 一个完整的程序是由若干个（　　）组成的。

A. 字　　B. 程序段　　C. 字母　　D. 数字

12. S800 表示（　　）。

A. 进给速度为 800 r/min　　B. 主轴转速为 800 mm/min

C. 主轴转速为 800 r/min　　D. 进给速度为 800 mm/min

13. 在数控机床加工过程中，若要进行测量尺寸、手动变速等手工操作时，需要运行（　　）指令。

A. M02　　B. M03　　C. M00　　D. M04

14. 在下列代码中，与切削液有关的代码是（　　）。

A. M02　　B. M04　　C. M06　　D. M08

15. 在下列代码中，与 M01 功能相同的是（　　）。

A. M00　　B. M02　　C. M03　　D. M30

16. 辅助功能中表示无条件程序暂停的指令是（　　）。

A. M00　　B. M01　　C. M02　　D. M30

17. 辅助功能中表示程序计划停止的指令是（　　）。

A. M00　　B. M01　　C. M02　　D. M30

18. 辅助功能中与主轴有关的 M 指令是（　　）。

A. M06　　B. M09　　C. M08　　D. M05

19. 数控机床主轴以 800 r/min 转速正转时，其指令应是（　　）。

A. M03 S800　　B. M04 S800　　C. M05 S800　　D. M06 S800

20. 子程序调用指令“M98 P50412”的含义为（　　）。

A. 调用 0412 号子程序 5 次

B. 调用 504 号子程序 12 次

C. 调用 5041 号子程序 2 次

D. 调用 412 号子程序 50 次

21. 在数控程序指令中，表示程序结束并返回程序开始处的功能指令是（　　）。

A. M30　　B. M03　　C. M08　　D. M02

22. 某数控加工程序为：

N010 G92 X100.0 Z195.0；

N020 G90 G00 X15.0 Z150.0；

……

N100 M02；

该程序中，最后一个程序段的含义是（　　）。

A. 程序暂停　　B. 程序停止　　C. 主轴停止　　D. 程序结束

23. 下列符号不能作为数控加工程序所用字符的是（　　）。

A. +　　B. -　　C. ?　　D. /

24. 程序字“Z-120.5”是由（　　）个字符组成的。

A. 1　　B. 3　　C. 5　　D. 7

25. 程序段“N10 G00 X50.0 Z10.0 M03 S600 T0101；”是由（　　）个程序字组成的。

A. 1　　B. 5　　C. 6　　D. 7

26. “G96 S200” 表示主轴的速度为（　　）。

A. 200 m/min　　B. 200 r/min

C. 200 mm/r　　D. 200 mm/min

27. “G97 S200” 表示主轴的速度为（　　）。

A. 200 m/min　　B. 200 r/min

C. 200 mm/r　　D. 200 mm/min

28. M06 表示（　　）。

A. 程序停止　　B. 主轴停　　C. 切削液开　　D. 自动换刀

29. M99 表示（　　）。

A. 主程序结束　　B. 主轴停　　C. 子程序结束　　D. 自动换刀

30. 下列程序段正确的是（　　）。

A. N10 G01 X50.0 Z20.0 F100 T0101 S600 M03;

B. N10 X50.0 Z20.0 G01 F100 T0101 S600 M03;

C. N10 M03 X50.0 Z20.0 F100 T0101 S600 G01;

D. G01 M03 X50.0 Z20.0 F100 T0101 S600 N10;

31. 子程序调用指令“M98 P304 L2”的含义为（　　）。

A. 调用 04L2 号子程序 3 次

B. 调用 304 号子程序 2 次

C. 调用 304L 号子程序 2 次

D. 调用 4L2 号子程序 30 次

32. 下列字符不能表示尺寸的是（　　）。

A. X　　B. I　　C. R　　D. M

四、名词解释

1. 字符

2. 程序字

3. 准备功能字

4. 辅助功能字

5. 程序段

6. 主程序

7. 子程序

五、简答题

1. 数控编程时，常用的坐标地址符有哪些?

2. M00 与 M01 有何区别?

3．子程序与主程序有何区别？

4．说明模态指令和非模态指令的区别。

5．解释下列字符的含义。

（1）G00

（2）M03

（3）G97 S800

（4）T0101

（5） M98 P4001 L2

（6） M98 P40015

（7） F200

（8） M30

第三章　数控车床加工基础

§3－1　数控车床的主要功能及加工对象

一、填空题（将正确答案填写在横线上）

1. 数控车床的功能主要反映在________指令代码和________指令代码上。

2. 数控车床主轴除对机床进行无级调速外，还具有同步进给控制、恒线速度控制及________控制等功能。

3. 在加工螺纹时，数控车床主轴的旋转与进给运动必须保持一定的________运行关系。

4. 恒线速功能由________指令控制其主轴转速按所规定的恒线速度值运行。当需要恢复恒定转速时，可用________指令对其注销。

5. 为预防因主轴转速过高而发生事故，FANUC 0i 车床数控系统规定可用________指令限定其恒线速运动中的最高转速。

6. FANUC 车床数控系统具有________循环和________循环切削功能。

7. 数控车床基本上都具有________功能，能加工出表面粗糙度值小而均匀的零件。

8. 在材质、余量和刀具已确定的情况下，表面粗糙度取决于进给量和________。

9. 由于数控车床具有________和________插补功能，所以可以车削任意直线和曲线组成的形状复杂的回转体零件。

10. 数控车床不仅能车削等导程螺纹，还能车削________以及等导程与________做________的螺纹。

二、判断题（正确的，在括号内打“√”；错误的，在括号内打“×”）

1. 数控车床虽然配置的数控系统不同，但其功能都是相同的。（　　）

2. 数控车床的功能主要反映在主轴转速 S 指令代码和刀具功能 T 指令代码上。（　　）

3. 在数控车床上加工螺纹时，主轴的旋转与进给运动不需要保持一定的同步运行关系。（　　）

4. 在数控车床上使用固定循环功能，可以大大简化程序编制。（　　）

5. 在数控车床上，如果机械传动中存在丝杠螺距误差和反向间隙，可通过补偿功能进行补偿。（　　）

6. 在数控车床出现故障后，可通过自诊断功能迅速查明故障类型及部位。（　　）

三、简答题

1. 数控车床有哪些主要功能？

2. 在数控车床上最适合加工的对象主要有哪些？

§3-2 数控车床编程基础

一、填空题（将正确答案填写在横线上）

1. 数控车床编程时，可以采用绝对值编程、增量值（也称相对值）编程或____________值编程。

2. 绝对值编程是根据已设定的____________坐标系计算出工件轮廓上各点的绝对坐标值进行编程的方法。

3. 增量值编程是用相对前一个位置的____________增量来表示坐标值的编程方法，其正负由行程方向确定，当行程方向与工件坐标轴方向一致时为____________，反之为____________。

4. 因为车削零件的横截面一般都为圆形，所以尺寸有直径指定和半径指定两种方法。当用直径指定时称为____________编程，当用半径指定时称为____________编程。

5. 数字单位以公制为例分为两种：一种是以____________为单位；另一种是以脉冲当量为单位。

6. G00 指令使刀具以点定位控制方式从刀具所在点____________运动到下一个目标位置。

7. G00 移动速度不能用程序指令设定，而是由____________预先设置，它可由面板上的进给修调旋钮修正。

8. 执行 G00 时，X、Z 两轴同时以各轴的快进速度从当前点开始向目标点移动，一般各轴不能同时到达终点，其行走路线可能为____________线。

9. G01 指令是____________指令，规定刀具在两坐标间以插补联动方式按指定的进给速度做任意斜率的直线运动。

10. 圆弧插补指令使刀具相对工件以指定的速度从当前点向终点进行圆弧插补。G02 为____________圆弧插补，G03 为____________圆弧插补。

11. 圆心坐标 I、K 值为圆弧____________点到圆弧圆心的矢量在 X、Z 轴上的投影。

12. 圆弧半径 R 值有正值与负值之分。当圆弧所对的圆心角小于或等于 180°时，R 取________值；当圆弧所对的圆心角大于 180°并小于 360°时，R 取________值。

13. 螺纹插补指令 G32 的编程格式为________________。

14. 加工多线螺纹时，在加工完一条螺旋槽后，将车刀用 G00 或 G01 方式移动________个螺距，再按要求编程加工下一条螺旋槽。

15. 现代数控车床控制系统一般都具有刀尖________________补偿功能，编程时不必计算刀尖圆弧中心的运动轨迹，而只需要直接按零件轮廓编程。

16. 刀尖圆弧半径补偿一般通过准备功能指令________________建立。刀尖圆弧半径补偿建立后，刀尖圆弧中心在偏离编程工件轮廓一个半径的等距线轨迹上运动。

17. 顺着刀具运动方向看，刀具在工件的左侧，称为刀尖圆弧半径左补偿，用______________代码编程；顺着刀具运动方向看，刀具在工件的右侧，称为刀尖圆弧半径右补偿，用______________代码编程。

18. 如需要取消刀尖圆弧半径左右补偿，可编入________________代码。这时，使假想刀尖轨迹与编程轨迹重合。

19. 刀尖圆弧半径补偿的过程分为三步：刀补的建立、刀补的进行、刀补的____________。

20. G41、G42、G40 指令不能与________________切削指令写在同一个程序段内，可与 G01、G00 指令在同程序段出现，即它是通过________________运动来建立或取消刀尖圆弧半径补偿的。

21. 内外圆切削循环指令为 G90，其编程格式为________________。

22. G90 循环每一次切削加工结束后刀具均返回循环____点。G90 循环第一步移动为沿____轴方向移动。

23. G90 指令也能完成圆锥面切削循环，此时其编程格式为“G90 X（U）__ Z（W）__ R __ F __;”，其中 R 表示________________。

24. 端面车削循环指令为 G94，其编程格式为________________。

25. G90 指令与 G94 指令的区别在于，G90 是在工件________向做分层粗加工，而 G94 是在工件________向做分层粗加工。G94 第一步先沿________轴运动，而 G90 则是先沿________轴运动。

26. 螺纹车削循环指令为 G92，其编程格式为“G92 X（U）__ Z（W）__ R __ F __;”，其中 R 表示________________，F 表示________________。

27. 内外圆复合固定粗车循环指令为 G71，其指令格式为“G71 U（Δd）R（e）; G71 P（ns）Q(nf) U（Δu）W（Δw）F __ S __ T __;”。其中，Δd 表示_____________，e 表示_____________，ns 表示_____________，nf 表示_____________，Δu 表示_____________，Δw 表示________________。

28. 端面复合固定粗车循环指令为 G72，其指令格式为“G72 W（Δd）R（e）; G72 P（ns）Q（nf）U（Δu）W（Δw）F __ S __ T __;”。其中，Δd 表示________________，Δu 表示________________，Δw 表示________________。

29. 形状复合固定粗车循环指令为 G73，其指令格式为“G73 U（Δi）W（Δk）R（Δd）; G73 P（ns）Q（nf）U（Δu）W（Δw）F __ S __ T __;”。其中，Δi 表示________________，Δk 表示________________，Δd 表示________________。

30．镗孔与深孔钻削复合固定循环指令为 G74，其指令格式为“G74 R（e）；G74 X（U）_Z（W）_P（Δi）Q（Δk）R（Δd）F_；”。其中，Δi 表示________，Δk 表示________，Δd 表示________。

31．镗孔与深孔钻削复合固定循环指令 G74，指定 X 轴地址和 X 轴移动量，就能实现________加工；若不指定 X 轴地址和 X 轴移动量，则为________加工。

32．内外圆切槽复合固定循环指令为 G75，其指令格式为“G75 R（e）；G75 X（U）_Z（W）_P（Δi）Q（Δk）R（Δd）；”。其中，Δi 表示________，Δk 表示________，Δd 表示________。

33．G76 指令用于多次自动循环切削螺纹，其指令格式为“G76 P（m）（r）（a）Q（Δd_{min}）R（d）；G76 X（U）_Z（W）_R（i）P（k）Q（Δd）F_；”。其中，m 表示________，r 表示________，a 表示________。

二、判断题（正确的，在括号内打“√”；错误的，在括号内打“×”）

1．因为车削零件的横截面一般都为圆形，所以数控车床必须使用直径值编程。（　）

2．数控车床编程有绝对值编程和增量值编程两种，但二者不能在同一程序段中使用。（　）

3．当 X 和 U 或 Z 和 W 在一个程序段中同时指令时，前面的指令有效。（　）

4．当切削外径时，用直径指定，位置偏置值的变化量与零件外径的直径变化量相同。（　）

5．在应用小数点编程时，数字后面可以写“.0”，如 X50.0，也可以直接写“.”，如 X50.。（　）

6．脉冲当量为 0.001 mm 的系统采用小数点编程，当输入 X50.456 7 时，经系统处理后的数值为 X50.457。（　）

7．G00、G01 指令都能使机床坐标轴准确到位，因此，它们都是插补指令。（　）

8．G00 指令与 G01 指令后必须设定进给量 F 值。（　）

9．G00 指令为非模态指令。（　）

10．F 指令也是模态指令，不必在每个程序段中都写入 F 指令。（　）

11．如果在 G01 之前的程序段中没有 F 指令，且现在的 G01 程序段中也没有 F 指令，则机床不运动。（　）

12．圆弧插补用半径编程时，若圆弧所对应的圆心角大于 180°，半径取正值。（　）

13．圆弧插补中，整圆的起点和终点重合，用 R 编程无法定义，所以只能用圆心坐标编程。（　）

14．Z 坐标的圆心坐标符号一般用 I 表示。（　）

15．I、K 为圆心在 X、Z 轴方向上相对于圆弧起点的增量坐标值。（　）

16．沿不在圆弧所在平面的另一个轴的正方向看该圆弧，顺时针方向为 G02，逆时针方向为 G03。（　）

17．I、K 为增量值，带有正负号，且 I 值为直径值。（　）

18．若已知圆心坐标和圆弧起点坐标，则 $I=(X_{起点}-X_{圆心})/2$，$K=Z_{起点}-Z_{圆心}$。（　）

19. 圆弧半径 R 有正值与负值之分。 ( )

20. 螺纹切削应在两端设置足够的升速进刀段 δ_1 和降速退刀段 δ_2。 ( )

21. 螺纹切削指令中的地址字 F 是指螺纹的螺距。 ( )

22. 加工多线螺纹时，加工完一条螺纹后，加工第二条螺纹的起点应与第一条螺纹的起点相隔一个导程。 ( )

23. 使用带有刀尖圆弧的外圆车刀加工与坐标轴平行的圆柱面和端面轮廓时，刀尖圆弧影响其尺寸和形状。 ( )

24. 不考虑车刀刀尖圆弧半径，车出的圆弧是有误差的。 ( )

25. 不具备刀尖圆弧半径补偿功能的数控车床，在加工工件时，需要计算假想刀尖轨迹或刀尖圆弧轨迹与工件轮廓尺寸的差值。 ( )

26. 不考虑车刀刀尖圆弧半径，车出的圆柱面是有误差的。 ( )

27. 进行刀尖圆弧半径补偿的程序段中，不能出现 G02、G03 圆弧插补。 ( )

28. 刀尖圆弧半径补偿功能包括刀补的建立、刀补的执行和刀补的取消三个阶段。 ( )

29. G41、G42、G40 是通过 G00 或 G01 来建立或取消刀尖圆弧半径补偿的。 ( )

30. G41、G42、G40 是模态代码。 ( )

31. 执行完内外圆切削循环指令 G90，刀具返回到刀具起点。 ( )

32. 外圆粗车循环适合于加工要去除较大切削余量的棒料毛坯。 ( )

33. 在固定循环切削过程中，M、S、T 等功能可以改变。 ( )

34. G90 循环第一步移动为沿 *Z* 轴方向移动。 ( )

35. 圆锥面切削循环 G90 中的 R 为车削圆锥面时终点半径与起点半径的差值。 ( )

36. 用 G90 指令加工图 3－1 所示锥体时，其 R 值为－5.0。 ( )

37. G90 与 G94 的区别在于，G94 是在工件径向做分层粗加工，而 G90 是在工件轴向做分层粗加工。 ( )

38. 螺纹车削循环 G92 中的 R 为锥螺纹始点与终点的半径差。 ( )

39. 用 G71、G72、G73、G70 等复合形状固定循环指令，只要编写出精加工进给路线，给出每次切削余量或循环次数和精加工余量，系统即可自动计算出粗加工时的刀具路径，完成重复切削直至加工完毕。 ( )

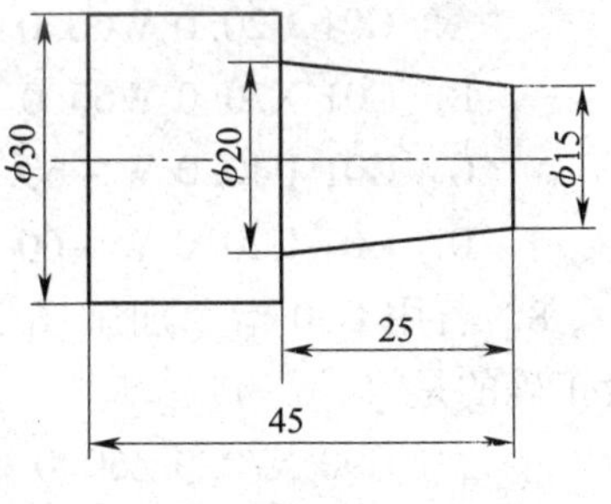

图 3－1

40. 端面复合固定粗车循环指令 G72 的含义与 G71 类似，不同之处是刀具平行于 *X* 轴方向切削。 ( )

41. G73 指令适用于毛坯轮廓形状与零件轮廓形状基本接近的毛坯件的粗车，如一些锻件、铸件的粗车。 ( )

42. 执行 G73 功能时，每一刀的切削路线的轨迹形状是相同的，只是位置不同。 ( )

43. 在精车循环 G70 状态下，ns 至 nf 程序段中指定的 F、S、T 无效。 ( )

44. G75 指令可以用于间断纵向加工，以便断屑与排屑。 ( )

45. 螺纹切削复合固定循环 G76 指令比 G32、G92 指令简捷，可节省程序设计与程序计算时间。 ( )

46. G74 指令可实现端面深孔和镗孔加工，Z 向切进一定的深度，再反向退刀一定的距离，实现断屑。（ ）

三、选择题（将正确答案的序号填写在括号内）

1. 在 G00 指令格式“G00 X（U）__Z（W）__;”中，X、Z 代表（ ）。
A. 绝对坐标 B. 增量坐标 C. 字母 D. 坐标轴

2. G00 指令的含义是（ ）。
A. 圆弧插补 B. 快速定位 C. 直线插补 D. 循环指令

3. G01 指令的含义是（ ）。
A. 圆弧插补 B. 快速定位 C. 直线插补 D. 循环指令

4. G00 指令移动速度值是由（ ）指定的。
A. 数控程序 B. 操作面板 C. 机床参数 D. 随意设定

5. 执行直线插补指令 G01 与（ ）无关。
A. 终点坐标 B. 进给速度 C. 起点坐标 D. 机床位置

6. 某数控车床加工的起始坐标为（30，10），沿（20，0）、（20，－20）、（30，－20）、（30，－40）坐标轨迹进行加工，最后回到终点（30，10），加工的零件形状应是（ ）。
A. 直径为 20 mm 的直轴
B. 直径为 30 mm 的直轴
C. 直径为 20 mm 和 30 mm 的两段阶梯轴
D. 宽度为 30 mm、长度为 40 mm 的长方形

7. 加工如图 3－2 所示锥体，下列程序段正确的是（ ）。
A. G01 U20.0 W60.0 F0.2;
B. G01 X70.0 W60.0 F0.2;
C. G01 U40.0 W－60.0 F0.2;
D. G01 U20.0 W－60.0 F0.2;

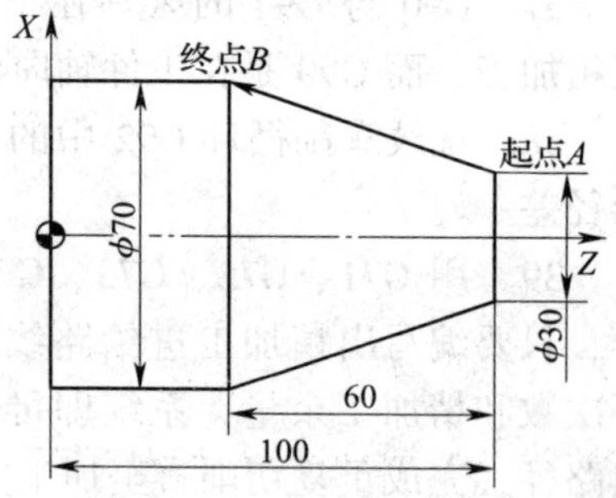

图 3－2

8. 若用 G90 指令加工图 3－2 所示锥体，下列程序段正确的是（ ）。
A. G90 X70.0 Z60.0 R40.0 F0.2;
B. G90 X70.0 Z60.0 R－40.0 F0.2;
C. G90 X70.0 Z40.0 R20.0 F0.2;
D. G90 X70.0 Z40.0 R－20.0 F0.2;

9. 圆弧插补指令“G02 X40.0 Z－50.0 R20.0 F0.2”中，“X40.0 Z－50.0”表示圆弧的（ ）值。
A. 起点坐标 B. 终点坐标
C. 圆心坐标 D. 圆心相对圆弧起点坐标

10. 车削一个顺时针圆弧时，圆弧起点在（35，0）、终点在（55，－10）、半径为 10，则车削圆弧的指令为（ ）。
A. G03 X55.0 Z－10.0 R－10.0 F0.2;
B. G02 X55.0 Z－10.0 R10.0 F0.2;

C. G02 X35.0 Z-10.0 R10.0 F0.2；

D. G02 X35.0 Z-10.0 R-10.0 F0.2；

11. 若加工图3-3所示圆弧，下列程序段正确的是（　　）。

A. G02 X70.0 Z60.0 R20.0 F0.2；

B. G02 X70.0 Z40.0 R20.0 F0.2；

C. G03 X70.0 Z60.0 R20.0 F0.2；

D. G03 X70.0 Z40.0 R20.0 F0.2；

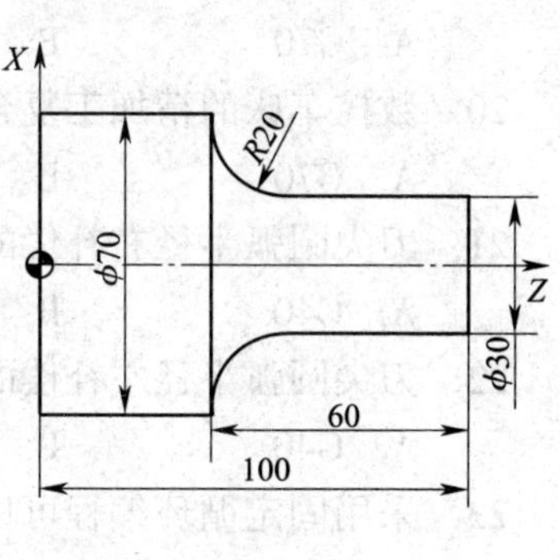

图3-3

12. 若用增量坐标编制图3-3所示圆弧加工程序，下列程序段正确的是（　　）。

A. G02 U70.0 W20.0 R20.0 F0.2；

B. G02 U40.0 W-20.0 R20.0 F0.2；

C. G03 U40.0 W20.0 R20.0 F0.2；

D. G03 U40.0 W-20.0 R20.0 F0.2；

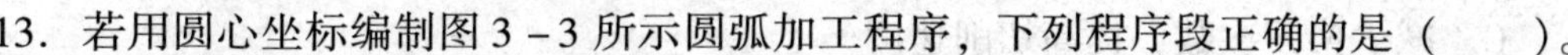

13. 若用圆心坐标编制图3-3所示圆弧加工程序，下列程序段正确的是（　　）。

A. G02 X70.0 Z40.0 I20.0 K0.0 F0.2；

B. G02 X70.0 Z40.0 I-20.0 K0.0 F0.2；

C. G02 X70.0 Z40.0 I0 K20.0 F0.2；

D. G02 X70.0 Z40.0 I0 K-20.0 F0.2；

14. 如图3-4所示，下面说法正确的是（　　）。

A. 图3-4a表示刀架在车床内侧的情况

B. 图3-4b表示刀架在车床外侧的情况

C. 图3-4b表示刀架在车床内侧的情况

D. 以上说法均不正确

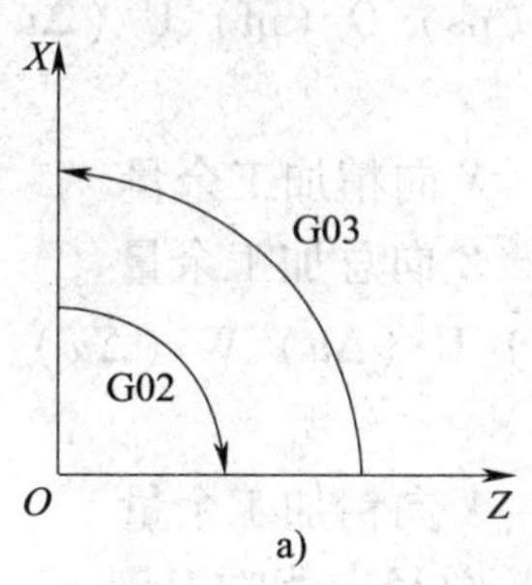
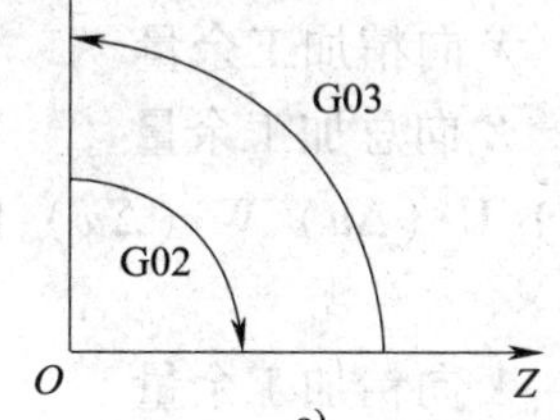

图3-4

15. 螺纹切削循环可用（　　）指令。

A. G90　　B. G91　　C. G92　　D. G94

16. （　　）均为固定循环指令。

A. G92、G32、G90　　B. G90、G32、G94

C. G90、G92、G94　　D. G97、G94、G92

17. 下列指令中属于端面切削循环指令的是（　　）。

A. G90　　B. G94　　C. G70　　D. G73

18. 下列指令中属于外圆粗车循环指令的是（　　）。

A. G94　　B. G70　　C. G90　　D. G72

19. 数控车床的形状复合固定粗车循环指令是（　　）。

A. G70　　B. G71　　C. G72　　D. G73

20. 数控车床的精加工复合固定循环指令是（　　）。

A. G70　　B. G71　　C. G72　　D. G73

21. 刀尖圆弧半径右补偿的代码是（　　）。

A. G40　　B. G41　　C. G42　　D. G43

22. 刀尖圆弧半径左补偿的代码是（　　）。

A. G40　　B. G41　　C. G42　　D. G43

23. 采用固定循环编程可以（　　）。

A. 加快切削速度，提高加工质量

B. 减小背吃刀量，保证加工质量

C. 减少换刀次数，提高切削速度

D. 缩短程序的长度，减少程序所占内存

24. "G71 U（Δd）R（e）；G71 P（ns）Q（nf）U（Δu）W（Δw）F _ S _ T _；"中的 Δd 表示（　　）。

A. Z 方向精加工余量　　B. X 方向精加工余量

C. 径向背吃刀量　　D. 总径向背吃刀量

25. "G71 U（Δd）R（e）；G71 P（ns）Q（nf）U（Δu）W（Δw）F _ S _ T _；"中的 e 表示（　　）。

A. Z 向退刀量　　B. X 向进刀量

C. X 向退刀量　　D. Z 向进刀量

26. "G73 U（Δi）W（Δk）R（Δd）；G73 P（ns）Q（nf）U（Δu）W（Δw）F _ S _ T _；"中的 Δi 表示（　　）。

A. Z 向精加工余量　　B. X 向精加工余量

C. X 向总加工余量　　D. Z 向总加工余量

27. "G72 W（Δd）R（e）；G72 P（ns）Q（nf）U（Δu）W（Δw）F _ S _ T _；"中的 Δd 表示（　　）。

A. Z 向精加工余量　　B. X 向精加工余量

C. Z 向背吃刀量　　D. 总径向背吃刀量

28. 在数控加工中，刀具补偿功能除对刀具半径进行补偿外，在用同一把刀进行粗、精加工时，还可进行加工余量的补偿。设刀具半径为 r，精加工时半径方向余量为 Δ，则最后一次粗加工走刀的半径补偿量为（　　）。

A. r　　B. Δ　　C. $r+\Delta$　　D. $2r+\Delta$

29. 数控车床编程时，以下指令正确的是（　　）。

A. G41 G02 X _ Z _；　　B. G41 X _ Z _；

C. G40 G02 Z _；　　D. G42 G00 X _ Z _；

30. 不使用 G41、G42 进行刀尖圆弧半径补偿时，对（　　）的尺寸与形状没有影响。

A. 圆柱面与端面　　B. 圆弧面

C. 锥面　　D. 圆弧面与锥面

31. 数控车床的 G41、G42 指令是对刀具的（　　）进行补偿。

A. 刀尖圆弧半径　　B. 几何长度

C. 位置　　D. 角度

32. 在数控车床上加工深 70 mm 的孔，每次钻 10 mm，进给量为 0.1 mm/r，下列程序段正确的是（　　）。

A. G74 R1；

G74 Z－70.0 Q10000 F0.1；

B. G74 R10.0；

G74 Z－70.0 Q1.0 F0.1；

C. G74 R0.1；

G74 Z－70.0 Q10.0 F1.0；

D. G74 R1；

G74 Z－70.0 Q0.1 F10.0；

33. G75 指令的作用是（　　）。

A. 外圆粗车　　B. 端面粗车　　C. 深孔钻削　　D. 切槽循环

34. G75 指令是沿（　　）轴方向进行切槽循环加工的（FANUC 系统）。

A. X　　B. Z　　C. Y　　D. C

35.（　　）为螺纹复合固定切削循环指令。

A. G73　　B. G74　　C. G75　　D. G76

36. 程序段“G76 P（m）（r）（a）Q（Δd_{min}）R（d）；G76 X（U）__ Z（W）__ R（i）P（k）Q（Δd）F __；”中，（　　）表示的是最小车削深度（FANUC 系统）。

A. m　　B. Δd_{min}　　C. i　　D. k

37. 刀尖圆弧半径左补偿方向的规定是（　　）。

A. 沿刀具运动方向看，工件位于刀具左侧

B. 沿工件运动方向看，工件位于刀具左侧

C. 沿工件运动方向看，刀具位于工件左侧

D. 沿刀具运动方向看，刀具位于工件左侧

四、简答题

1. G00 与 G01 指令有何区别？

2. 默写 G02 与 G03 指令格式，并指出各符号的含义。

3. 如何判断顺时针与逆时针圆弧插补？

4. 刀尖圆弧半径补偿的目的是什么？

5. 简述刀尖圆弧半径补偿的过程。

6. 默写 G90 与 G94 指令格式，并指出各字符的含义。

7. 默写 G71 与 G73 指令格式，并指出各字符的含义。

五、作图题

1. 画图表示 G90 指令的加工路线，并标明相应的进给状态。

2. 画图表示 G92 指令的加工路线，并标明相应的进给状态。

六、综合应用题

1. 已编制出图 3－5 所示零件的精加工程序如下：

```
O3001;
N10 S600 M03 T0101;
N20 G00 X44.0 Z292.0 M08;
N30 G01 X48.0 Z290.0 F0.3;
N40 Z275.0;
N50 X62.0 Z200.0;
N60 W30.0;
N70 X80.0 W-25.0;
N80 G03 Z60.0 R70.0;
N90 W65.0;
N100 X85.0;
N110 G00 X400.0 Z350;
N120 M05;
N130 M30;
```

（1）试检查修改其中的错误。

（2）注释说明每段程序的含义。

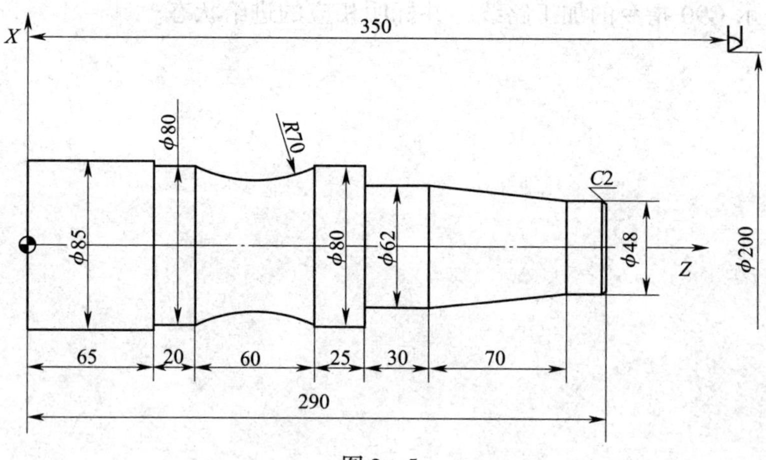

图 3－5

2. 阅读下列程序，逐行注释，并绘制出加工零件图。

```
O3002;
N10 T0101 S600 M03;
N20 G00 X50.0 Z2.0;
N30 G01 Z0 F0.2;
N40 X0;
N50 Z2.0;
N60 G00 X48.0;
N70 G90 X35.0 Z-30.0 F0.3;
N80 X27.0 Z-20.0;
N90 X15.0 Z-10.0;
N100 G00 X14.0;
N110 G01 Z-10.0 F0.15;
N120 X26.0;
N130 Z-20.0;
N140 X34.0;
N150 Z-30.0;
N160 X50.0;
N170 G00 X100.0 Z100.0;
N180 M05;
N190 M30;
```

3. 阅读下列程序，逐行注释，并绘制出加工零件图。

```
O3003;
N10 T0101 S800 M03;
N20 G00 X56.0 Z2.0;
N30 G71 U2.0 R0.5;
N40 G71 P50 Q110 U0.5 W0.1 F0.3;
N50 G00 G42 X30.0;
N60 G01 Z0;
N70 G03 X40.0 Z-5.0 R5.0;
N80 G01 Z-15.0;
N90 X44.0;
N100 Z-30.0;
N110 X51.0;
N120 G70 P50 Q110 F0.15;
N130 G00 G40 X100.0 Z50.0 T0100;
N140 M30;
```

4. 阅读下列程序，逐行注释，并绘制出加工零件图。

```
O3004;
N10 S600 M03;
N20 M08 T0202;
N30 G00 X52.0 Z2.0;
N40 G71 U1.5 R0.5;
N50 G71 P60 Q140 U0.5 W0.0 F0.3;
N60 G00 G42 X22.0;
N70 G01 Z0.0 F0.15;
N80 X28.0 Z-15.0;
N90 X30.0;
N100 Z-43.0;
N110 G02 X40.0 Z-48.0 R5.0;
N120 G01 X46.0;
N130 X48.0 Z-49.0;
N140 X52.0;
N150 G70 P60 Q140 S900;
N160 G00 G40 X100.0 Z50.0;
N170 M30;
```

七、编程题

1. 试应用 G01 指令编制如图 3－6 所示零件加工程序，毛坯尺寸为 $\phi55$ mm × 125 mm，材料为 45 钢。

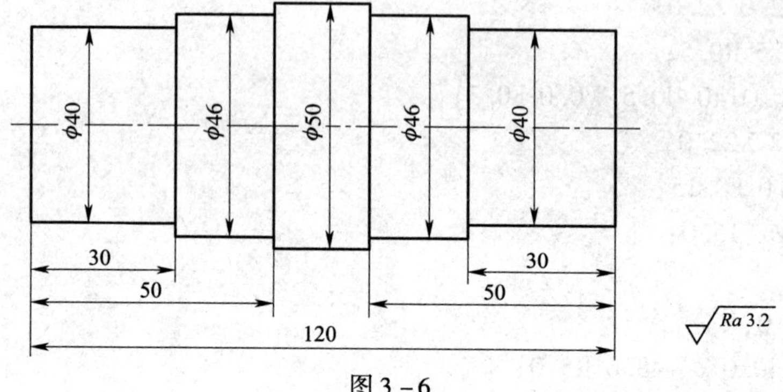

图 3－6

2．试应用 G90 指令编制如图 3－7 所示零件加工程序，毛坯尺寸为 ϕ55 mm×125 mm，材料为 45 钢。

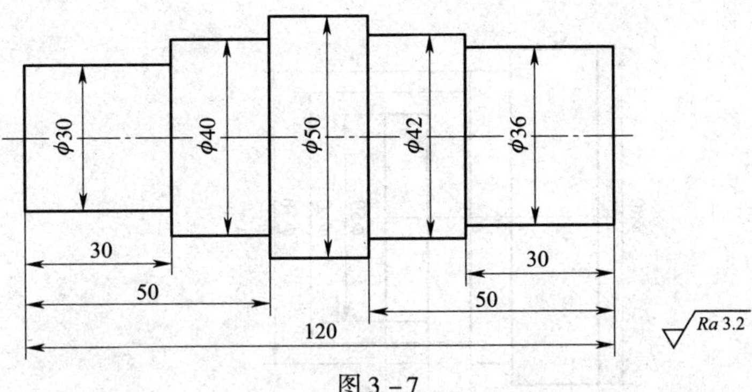

图 3－7

3. 试应用 G94 指令编制如图 3－8 所示零件加工程序，毛坯尺寸为 ϕ80 mm×50 mm，材料为 45 钢。

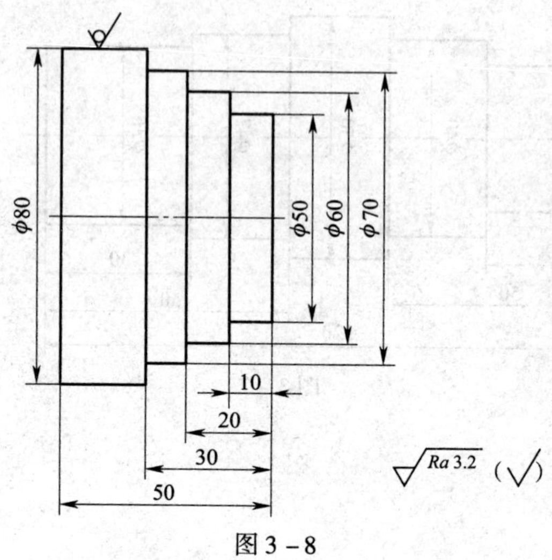

图 3－8

4．试应用 G71 指令编制如图 3 – 9 所示零件加工程序，毛坯尺寸为 $\phi50$ mm × 125 mm，材料为 45 钢。

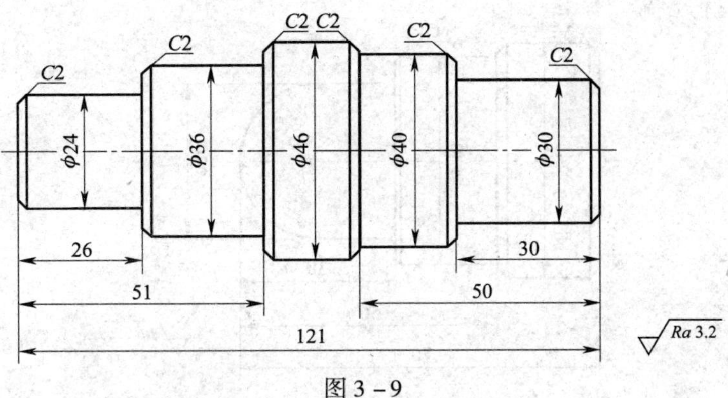

图 3 – 9

5．试应用 G02、G03 指令编制如图 3－10 所示零件加工程序，毛坯尺寸为 ϕ50 mm × 75 mm，材料为 45 钢。

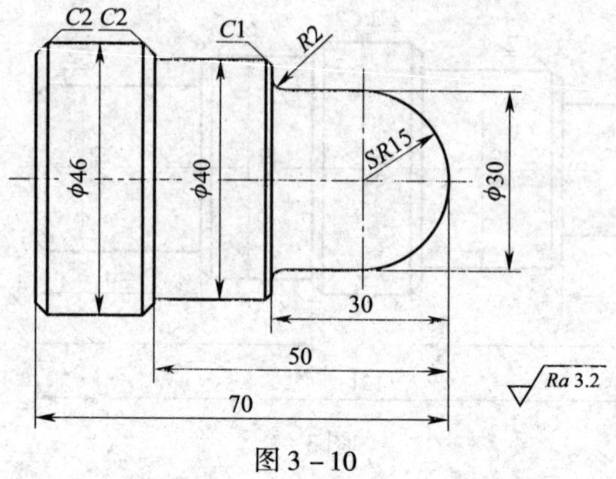

图 3－10

§3－3　综合零件编程实例

1. 试编制如图 3－11 所示零件加工程序，毛坯尺寸为 ϕ40 mm×100 mm，材料为 45 钢。

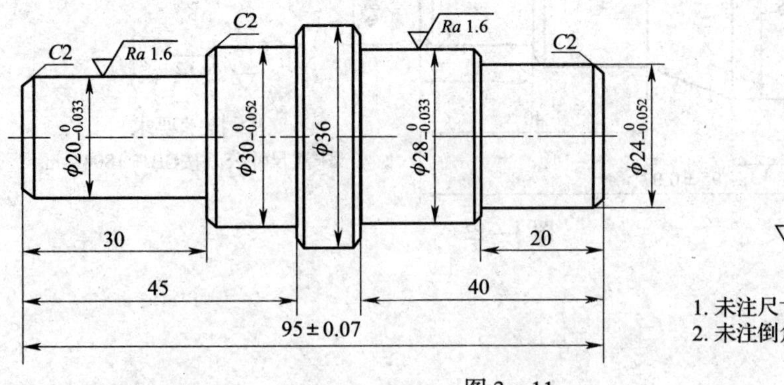

图 3－11

2. 试编制如图 3－12 所示零件加工程序，毛坯尺寸为 ϕ45 mm × 100 mm，材料为 45 钢。

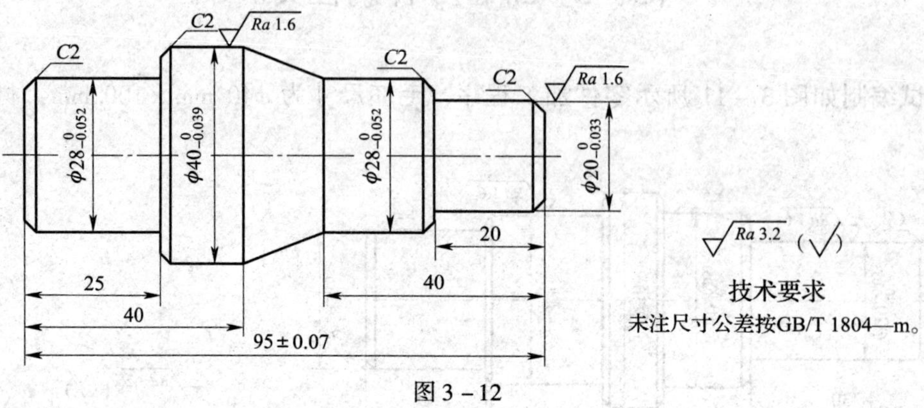

图 3－12

3. 试编制如图 3－13 所示零件加工程序，毛坯尺寸为 ϕ45 mm×100 mm，材料为 45 钢。

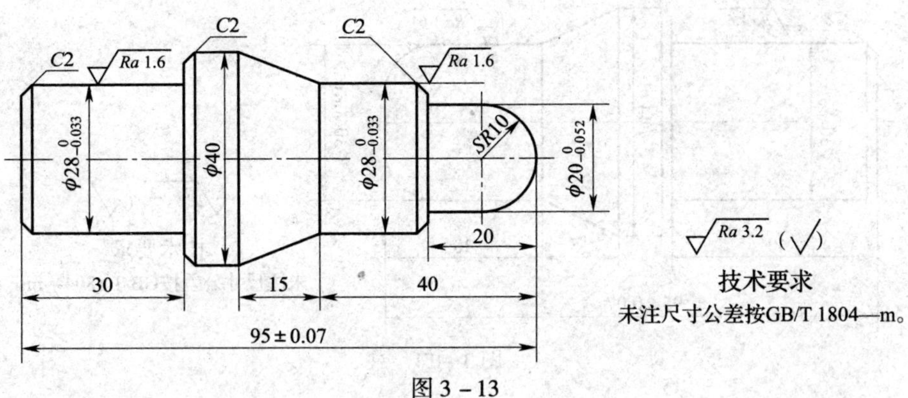

图 3－13

4．试编制如图 3－14 所示零件加工程序，毛坯尺寸为 $\phi50$ mm × 100 mm。

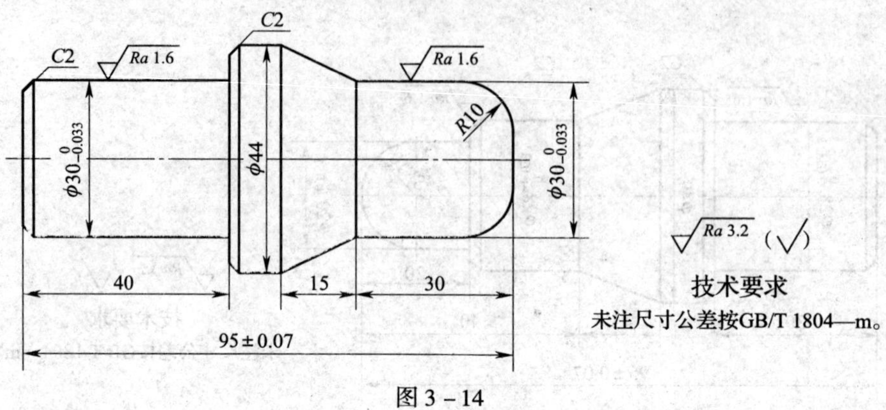

图 3－14

5. 试编制如图 3－15 所示零件加工程序，毛坯尺寸为 ϕ65 mm×75 mm。

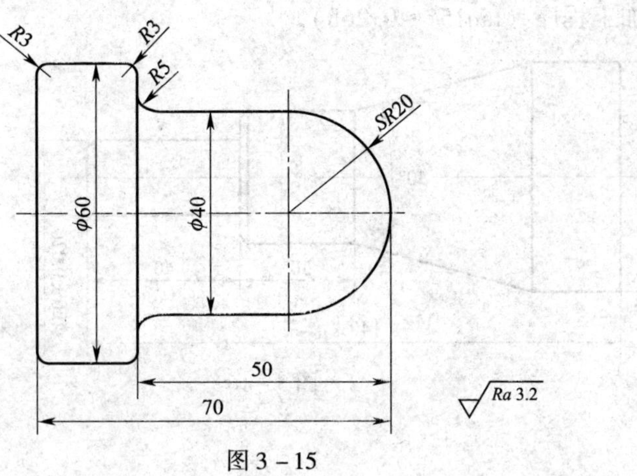

图 3－15

6. 加工如图 3－16 所示零件，毛坯尺寸为 $\phi65$ mm × 145 mm，材料为 45 钢。试用 G71 指令编制粗、精加工程序（tan15° ≈ 0.268）。

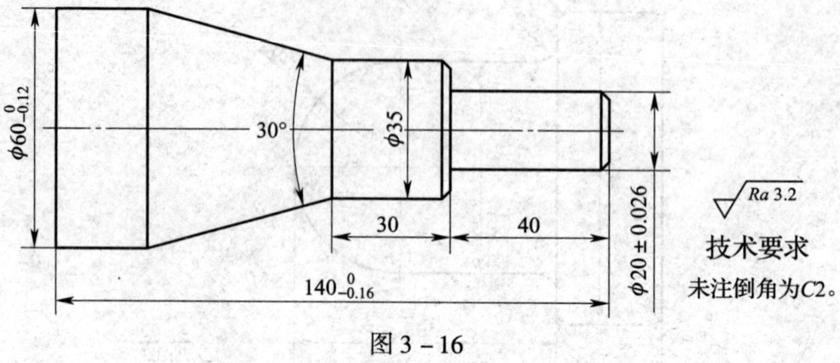

图 3－16

7. 试编制如图 3 – 17 所示零件加工程序，毛坯尺寸为 ϕ40 mm × 75 mm，材料为 45 钢。

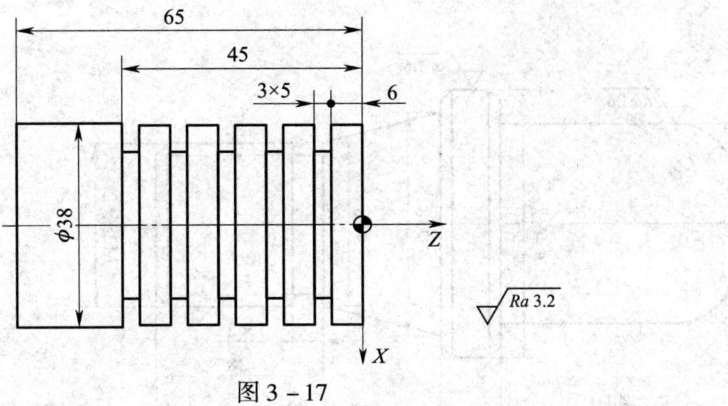

图 3 – 17

8．试编制如图 3－18 所示零件加工程序，毛坯尺寸为 ϕ50 mm × 100 mm，材料为 45 钢。

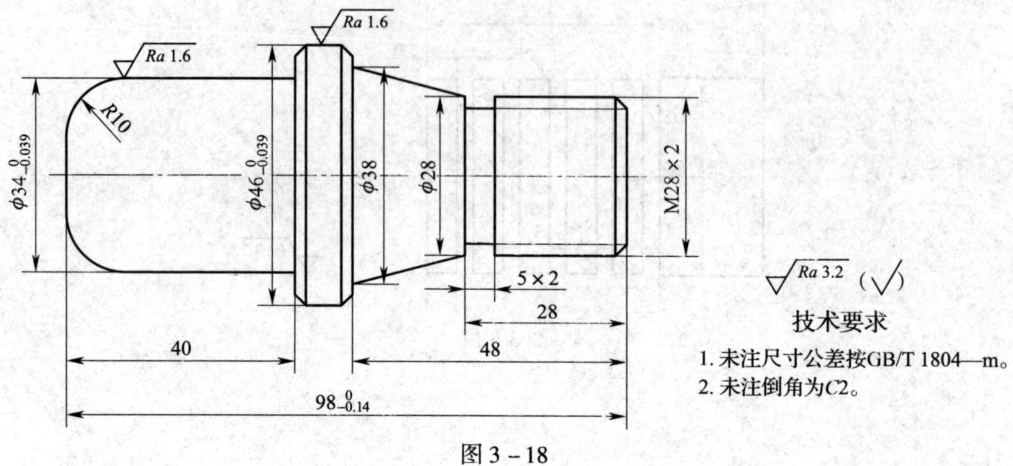

图 3－18

9. 加工如图 3－19 所示零件，毛坯尺寸为 ϕ45 mm×85 mm，材料为 45 钢。试制定其加工工艺，填写数控加工工艺卡（表 3－1）及数控加工刀具卡（表 3－2），并编制加工程序。

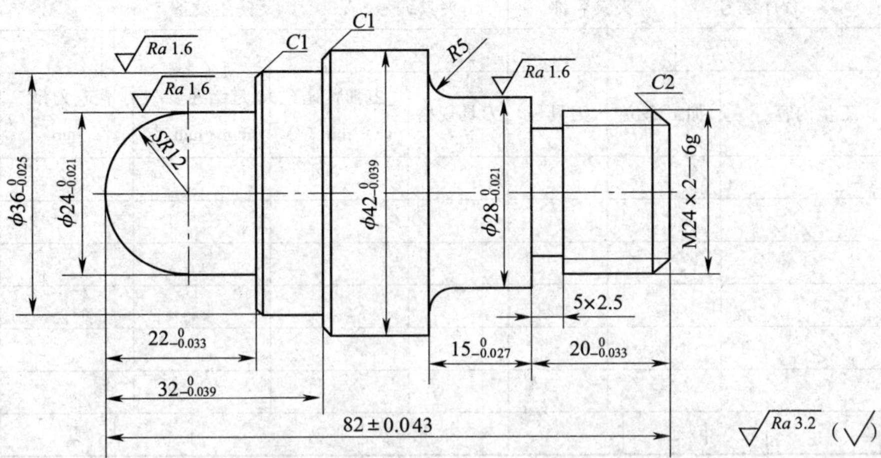

图 3－19

表 3-1　　数控加工工艺卡

单位名称		产品名称或代号	零件名称	零件图号	
工艺序号	程序编号	夹具名称	夹具编号	使用设备	车间

工步号	工步内容	加工部位	刀具号	刀具规格	主轴转速/($r \cdot min^{-1}$)	进给速度/($mm \cdot min^{-1}$)	背吃刀量/mm	备注
编制		审核		批准			共　页	第　页

表 3-2　　数控加工刀具卡

刀具号	刀具规格形状	数量	加工内容	主轴转速/($r \cdot min^{-1}$)	进给量/($mm \cdot r^{-1}$)	背吃刀量/mm

10. 加工如图 3－20 所示零件，毛坯尺寸为 ϕ50 mm×102 mm。试制定其加工工艺，填写数控加工工艺卡（见表 3－3）及数控加工刀具卡（见表 3－4），并编制加工程序。

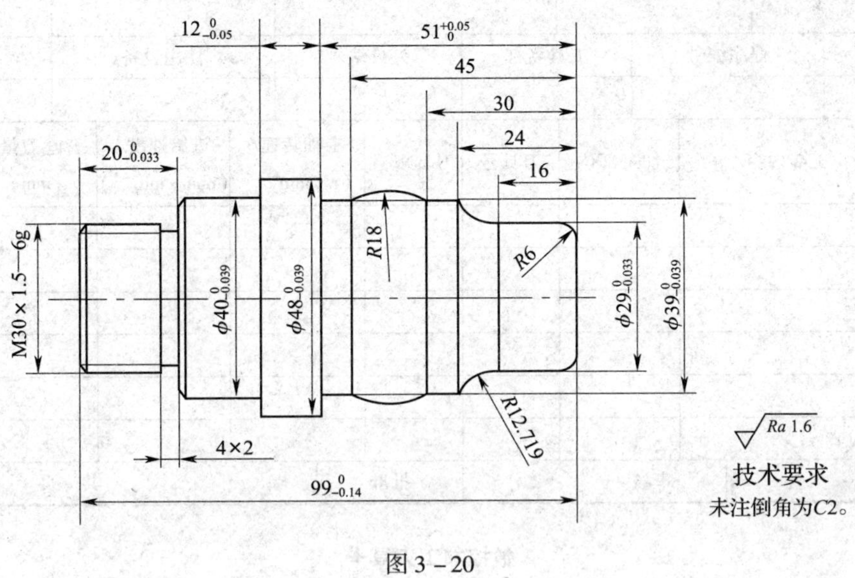

图 3－20

表 3-3　　数控加工工艺卡

单位名称		产品名称或代号		零件名称		零件图号		
工艺序号	程序编号	夹具名称		夹具编号		使用设备	车间	
工步号	工步内容	加工部位	刀具号	刀具规格	主轴转速/(r·min^{-1})	进给速度/(mm·min^{-1})	背吃刀量/mm	备注
编制		审核		批准		共　页		第　页

表 3-4　　数控加工刀具卡

刀具号	刀具规格形状	数量	加工内容	主轴转速/(r·min^{-1})	进给量/(mm·r^{-1})	背吃刀量/mm

11. 试编写如图 3-21 所示轴套零件加工程序，毛坯尺寸为 ϕ45 mm×105 mm，材料为 45 钢。

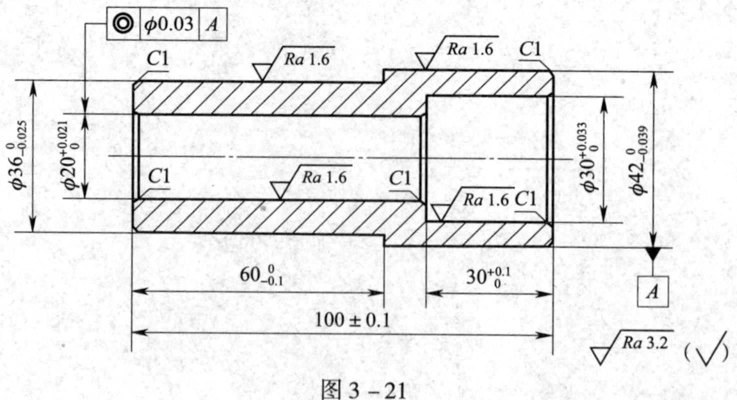

图 3-21

12．试编写如图 3－22 所示固定套零件加工程序，毛坯尺寸为 ϕ55 mm × 73 mm，材料为 45 钢。

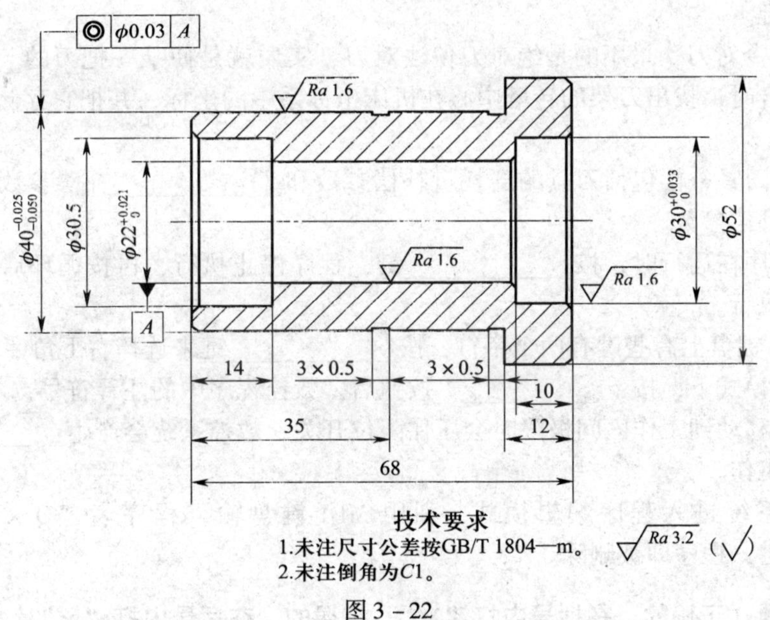

图 3－22

§3－4　数控车床的操作

一、填空题（将正确答案填写在横线上）

1. FANUC 0i 车床数控系统的控制面板主要由 CRT 单元、__________键盘和功能软键组成。

2. PROG表示__________页面键，POS表示__________页面键，OFFSET SETTING表示__________页面键，CUSTOM GRAPH表示__________页面键，MESS-AGE表示__________页面键，SYS-TEM表示__________页面键。

3. ALTER为__________键，INSERT为__________键，DELETE为__________键，RESET为__________键。

4. 用 T 指令对刀，采用的是绝对刀偏法对刀，实质就是使某一把刀的__________点与工件原点重合时，找出刀架的转塔中心在机床坐标系中的坐标，并把它存储到刀补寄存器中。

5. 车床的刀具补偿包括刀具的磨耗量补偿参数和__________补偿参数，两者之和构成车刀偏置量补偿参数。

6. 数控程序在运行时，按__________键，程序停止执行，再按循环启动键，程序从暂停位置开始执行。

7. 在 MDI 键盘上有些键有两个字符，按__________键来选择右下角字符。

8. 在自动模式下，按下__________按钮后，数控程序中的注释符号“/”有效。

9. 当机床移动到工作区间极限时会压住限位开关，数控系统会产生__________报警，此时机床不能工作。

10. 数控系统进入程序编辑模式，利用 MDI 键盘输入程序名“O××××”，按__________键，程序即被删除。

二、判断题（正确的，在括号内打“√”；错误的，在括号内打“×”）

1. 按 CAN 键可删除已输入到缓冲器里的所有字符或符号。（　　）

2. 手动连续进给速度可由进给倍率按钮调整。（　　）

3. 在手动模式下，按刀具选择按钮 ☼ ，则回转刀架上的刀台顺时针转动一个刀位。（　　）

4. 按下急停按钮时，会产生自锁，但通常旋转急停按钮即可释放。（　　）

5. 利用 MDI 键盘输入“O－9999”，按 DELETE 键，全部数控程序即被删除。（　　）

6. 自动/单段方式执行每一行程序均需按一次循环启动按钮。（　　）

7. 在加工过程中，可以打开数控车床防护门。（　　）

8. 数控车床加工过程中，可以用手清除切屑。（　　）

9. 禁止在加工过程中测量工件尺寸、变速，更不能用棉丝擦拭工件，也不能清扫机床。（　　）

10. 不允许采用压缩空气清洗机床、电气柜及CNC单元。 （ ）

三、选择题（将正确答案的序号填写在括号内）

1. FANUC 0i 数控系统操作面板上显示位置的功能键是（ ）。

A. PROG　　B. POS　　C. SYSTEM　　D. OFFSET/SETTING

2. 在CRT/MDI面板的功能键中，用于程序编制的键是（ ）。

A. PROG　　B. POS　　C. SYSTEM　　D. OFFSET/SETTING

3. 在CRT/MDI面板的功能键中，用于刀具偏置数设置的键是（ ）。

A. PROG　　B. POS　　C. SYSTEM　　D. OFFSET/SETTING

4. 若要对数控加工程序进行修改，数控系统的工作方式应在（ ）模式下。

A. MDI　　B. EDIT　　C. AUTO　　D. JOG

5. 在数控车床加工过程中，零件长度为50 mm，切断刀宽度为2 mm，如以切断刀的左刀尖为刀位点，则编程时 Z 方向应定位在（ ）mm处切断工件。

A. 50　　B. 52　　C. 48　　D. 54

6. 数控车床 X 方向对刀时，车削外圆后只能沿（ ）退刀，主轴停转后测量外径尺寸。

A. X 轴正方向　　B. Z 轴正方向　　C. X 轴负方向　　D. Z 轴负方向

7. MDI模式是指（ ）方式。

A. 手动数据输入　　B. 自动加工

C. 空运行　　D. 单段运行

8. 数控机床面板上的AUTO是指（ ）模式。

A. 快进　　B. 点动　　C. 自动　　D. 暂停

9. 数控机床的操作一般有JOG模式、AUTO模式和MDI模式。在运行已经调试好的程序时，通常采用（ ）。

A. JOG模式　　B. AUTO模式　　C. MDI模式　　D. 单段运行模式

10. 数控程序编辑功能中常用的插入键是（ ）。

A. INSERT　　B. ALTER　　C. DELETE　　D. PAGE

11. 数控程序编辑功能中常用的删除键是（ ）。

A. INSERT　　B. ALTER　　C. DELETE　　D. PAGE

12. 数控程序编辑功能中常用的替换键是（ ）。

A. INSERT　　B. ALTER　　C. DELETE　　D. PAGE

13. CRT/MDI操作面板上的页面变换键是（ ）。

A. PAGE　　B. CURSOR　　C. EOB　　D. RESET

14. 若修改程序中的某个字符，应该将光标移至要修改处，输入新的内容，然后按（ ）键即可。

A. 插入　　B. 删除　　C. 替换　　D. 复位

15. 数控车床工作时，当发生任何异常现象需要紧急处理时应启动（ ）。

A. 故障检测功能　　B. 暂停功能

C. 程序停止功能　　D. 急停功能

16. 数控车床 *X* 轴对刀时，若工件直径试车后，测得直径值为20.030 mm，在刀具偏置参数窗口输入的 *X* 值应为（　　）。

A. X20.030　　B. X－20.030　　C. X10.015　　D. X－10.015

17. 数控车床 *Z* 轴对刀时，若试车工件端面后，测得总长为100.130 mm，而图样要求工件总长为100.0 mm，在刀具偏置参数窗口输入的 *Z* 值应为（　　）。

A. Z100.130　　B. Z0　　C. Z0.130　　D. Z100.0

18. 数控车床回零操作就是使机床回到（　　）。

A. 机床坐标系原点　　B. 机床的参考点

C. 工件坐标系原点　　D. 换刀点

19. 在 FANUC 0i 数控车床中输入名为 O1234 的程序，步骤正确的是（　　）。

A. 依次键入 O、1、2、3、4，INSERT，EOB，INSERT，再依次输入程序段即可

B. 依次键入 O、1、2、3、4，EOB，INSERT，再依次输入程序段即可

C. 依次键入 O、1、2、3、4，INSERT，再依次输入程序段即可

D. 依次键入 O、1、2、3、4，EOB，再依次输入程序段即可

四、简答题

1. 简述数控车床的开、关机步骤。

2. 简述 T 指令对刀操作步骤。

3. 配备 FANUC 0i 车床数控系统的机床一般有哪几种工作模式？

4. FANUC 0i 车床数控系统有哪些编辑键？

5. 简述删除一个数控程序的操作步骤。

6. 简述新建一个数控程序的操作步骤。

7. 简述查看一个新程序的运行轨迹的操作步骤。

第四章　数控铣床/加工中心加工基础

§4-1　数控铣床/加工中心的主要功能及加工对象

一、填空题（将正确答案填写在横线上）

1. 利用____________功能，数控铣床/加工中心可以进行只需要做点位控制的钻孔、扩孔、锪孔、铰孔和镗孔等加工。

2. 利用____________功能，数控铣床/加工中心可以按工件实际轮廓形状和尺寸进行编程。

3. 对于一个轴对称形状的工件来说，利用____________功能，只需编出对称形状的加工程序就可完成全部加工。

4. 加工面与水平面的夹角呈连续变化的零件称为____________零件。加工面为空间曲面的零件称为____________零件，此类零件不能展开为平面。

5. 异形零件是指支架、拨叉类外形不规则的零件，大多采用____________多工位混合加工。

二、判断题（正确的，在括号内打“√”；错误的，在括号内打“×”）

1. 数控铣床与加工中心的加工工艺类似。（　）
2. 变斜角类零件的变斜角加工面不能展开为平面。（　）
3. 加工曲面类零件时，铣刀与加工面始终为线接触。（　）
4. 对于曲面类零件，一般采用球头刀在三坐标数控铣床上进行加工。（　）
5. 对于结构形状复杂的零件，通常需采用加工中心进行多坐标联动加工。（　）

三、选择题（将正确答案的序号填写在括号内）

1. 在数控铣床上加工零件时，可以利用改变（　）的方法，以同一程序实现分层铣削和粗、精加工或用于提高加工精度。

A. 刀具半径补偿值　　B. 刀具长度补偿值
C. 点位控制功能　　D. 镜像加工功能

2. 在数控铣床上加工工件时，通过改变（　）的正负号，可用同一程序加工某些需要相互配合的工件，如相互配合的凹凸模。

A. 刀具长度补偿值　　B. 刀具半径补偿值
C. 进给速度　　D. 主轴转速

3. 加工中心与数控铣床的主要区别是（　）。

A. 数控系统的复杂程度不同　　B. 机床加工精度不同

C. 有无刀库和自动换刀系统　　　D. 二者无区别

4. 加工空间曲面时，铣刀与加工面始终为（　　）接触。

A. 面　　B. 线　　C. 点　　D. 无法确定

5. 加工既有平面又有孔系的零件时，最好采用（　　）在一次安装中完成零件上平面的铣削，孔系的钻削、镗削、铰削、铣削及攻螺纹等多工步加工。

A. 数控车床　　B. 数控钻床　　C. 加工中心　　D. 数控铣床

6. 下列不属于平面类零件的是（　　）。

A. 加工面平行于水平面的零件

B. 加工面垂直于水平面的零件

C. 加工面与水平面的夹角为定角的零件

D. 加工面与水平面的夹角呈连续变化的零件

7. 下列为变斜角类零件的是（　　）。

A. 各个加工面是平面或可以展开成平面的零件

B. 加工面为空间曲面的零件

C. 加工面与水平面的夹角为定角的零件

D. 加工面与水平面的夹角呈连续变化的零件

8. 在普通机床上加工外形不规则的零件，只能采取（　　）的原则进行加工。

A. 工序集中　　　　B. 工序分散

C. 工序集中、分散皆可　　　　D. 基准统一

四、简答题

1. 数控铣床/加工中心的主要功能有哪些？

2. 数控铣床/加工中心的主要加工对象有哪些？

§4-2　数控铣床/加工中心编程基础

一、填空题（将正确答案填写在横线上）

1. 使用G92建立工件坐标系的实质是把当前位置设为指令所指定的____________的坐标值。

2. FANUC系统采用G21与G20来进行米制、英制的切换，其中____________表示米制，____________表示英制。

3. 当机床坐标系及工件坐标系确定后，对应地就确定了三个坐标平面，即*XY*平面、*ZX*平面和*YZ*平面，可分别用____________、____________和____________表示三个平面。

4. FANUC 0i数控铣床代码中，绝对坐标指令用____________来表示，增量坐标指令用____________来表示。

5. 执行G00指令时，*X*、*Y*、*Z*三轴同时以各轴的____________速度从当前点开始向目标点移动，一般各轴不能同时到达终点，其行走路线可能为折线。

6. 执行G00指令时，轴移动速度不能由____________代码来指定，只受快速修调倍率的影响。

7. G01指令刀具以联动的方式，按F规定的____________进给速度，从当前位置按线性路线移动到程序段指令的终点。

8. 圆弧插补指令命令____________在指定平面内按给定的进给速度F做圆弧运动，加工出圆弧轮廓。

9. 圆弧插补指令中，R值为圆弧半径。圆弧所含弧度（圆心角）大于180°时R值为________值，小于180°时R值为________值。

10. 编制整圆加工程序时，不能用R方式编程，只能采用____________方式。

11. 执行G04指令时，加工进给将暂停X或P所设定的________，然后自动开始执行下一程序段。

12. 执行________指令时，可以使刀具以点位方式经中间点返回参考点，中间点的位置由该指令后的X、Y、Z值决定。

13. 在进行刀具半径补偿前，必须用________或____________、____________指定刀具半径补偿是在哪个平面上进行。

14. D为刀具半径补偿寄存器的________字，在补偿寄存器中存有刀具半径补偿值。

15. G43为刀具长度________补偿，G44为刀具长度________补偿，G49为刀具长度补偿取消。

16. 采取取消刀具长度补偿指令________或用G43 H00和G44 H00可以撤销刀具长度补偿。

17. 由于加工中心设有刀库和刀具交换装置，可以实现刀具的自动选择和更换，因此，加工中心编程与数控铣床编程的区别在于____________程序的编制。

18. 换刀是把刀库中正位于换刀位置的刀具与主轴上的刀具进行自动交换，其指令格式为____________。

19. 执行 M06 换刀动作时，先完成____________动作，然后才执行换刀动作。

20. 不同的数控系统，其换刀程序是不同的。通常选刀和换刀分开进行，换刀动作必须在________条件下进行。

二、判断题（正确的，在括号内打“√”；错误的，在括号内打“×”）

1. 球头铣刀的刀头半径应选得大一些，有利于散热，但刀头半径应小于内凹曲面的最小曲率半径。（　）

2. 采用 G92 设定的工件坐标系不具有记忆功能，当机床关机后，设定的坐标系即消失，因此，G92 设定坐标系的方式通常用于单件加工。（　）

3. 通过 G54 ~ G59 设定的工件坐标系，只要不对其进行修改、删除操作，该工件坐标系将永久保存，即使机床关机，其坐标系也将保留。（　）

4. FANUC 0i 数控铣床代码中，绝对坐标指令用 G90 来表示。（　）

5. 一般地，G00 代码段只能用于工件外部的空程行走，不能用于切削行程中。（　）

6. “G01 X __ Y __ Z __ F __;”指令格式中的 F 表示刀具切削进给的合成进给速度。（　）

7. I、J、K 是起点到圆心的距离，无正、负之分。（　）

8. 编制整圆加工程序时，不能用 R 方式编程，只能采用 I、J、K 方式。（　）

9. “G04 X __;”指令中的 X 后面可用带小数点的数，单位为 ms（毫秒）。（　）

10. 返回参考点校验指令 G27 用于检查刀具是否正确返回到程序中指定的参考点位置。（　）

11. 返回参考点过程中设定中间点的目的是防止刀具在返回参考点过程中与工件或夹具发生干涉。（　）

12. 无刀具半径补偿指令时，刀具中心走在工件轮廓线上；有刀具半径补偿指令时，刀具中心走在工件轮廓线的一侧，而刀具刃口走在工件轮廓线上。（　）

13. 使用 G43、G44 指令时，无论用绝对值还是增量值编程，程序中指定的 Z 轴移动的终点坐标值，都要与 H 所指定寄存器中的偏移量进行运算，G43 时相减，G44 时相加，然后把运算的结果作为终点坐标值进行加工。（　）

14. FANUC 0i 数控系统可以同时建立六个工件坐标系。（　）

15. FANUC 0i 数控系统接通电源后自动选择 G54 坐标系。（　）

16. G90 与 G91 属于同组模态指令，系统默认指令为 G90。（　）

17. G02 为顺时针圆弧插补，G03 为逆时针圆弧插补。（　）

18. G41 为刀具半径左补偿，G42 为刀具半径右补偿，G40 为取消刀具半径补偿。（　）

19. 平面选择的切换必须在补偿取消的方式下进行，否则将产生报警。（　）

20. 当将刀具半径设置为负值时，G41 和 G42 的执行效果将互相替代。（　）

三、选择题（将正确答案的序号填写在括号内）

1. 下列（　　）指令不能设立工件坐标系。

A. G54　　B. G92　　C. G55　　D. G91

2. 通过当前的刀位点来设定工件坐标系的原点，不产生机床运动的指令是（　　）。

A. G54　　B. G53　　C. G55　　D. G92

3. （　　）表示英制输入的指令。

A. M90　　B. G01　　C. G20　　D. G91

4. 在 G54 中设置的数值是（　　）。

A. 工件坐标系原点相对于机床坐标系原点的偏移量

B. 刀具的长度偏差值

C. 工件坐标系的原点

D. 机床坐标系的原点

5. 下列关于 G54 与 G92 指令叙述不正确的是（　　）。

A. G92 通过程序设定工件坐标系

B. G54 通过 MDI 设定工件坐标系

C. G92 设定的工件坐标系与刀具当前位置无关

D. G54 设定的工件坐标系与刀具当前位置无关

6. 机床运行"G54 G90 G00 X100.0 Y180.0；G91 G01 X－20.0 Y－80.0；"程序段后，机床坐标系中的坐标值为（X30.0，Y－20.0），此时 G54 设置值为（　　）。

A. X－30.0，Y－20.0　　B. X80.0，Y40.0

C. X－50.0，Y－80.0　　D. X30.0，Y20.0

7. 用来指定圆弧插补的平面和刀具补偿平面为 *XY* 平面的指令是（　　）。

A. G17　　B. G18　　C. G19　　D. G20

8. G18 表示（　　）。

A. *XY* 平面　　B. *XZ* 平面　　C. *YZ* 平面　　D. *XYZ* 平面

9. 数控铣床的默认加工平面是（　　）。

A. *XY* 平面　　B. *XZ* 平面　　C. *YZ* 平面　　D. *XYZ* 平面

10. 准备功能 G91 表示的功能是（　　）。

A. 直线插补　　B. 螺纹切削　　C. 绝对尺寸　　D. 增量尺寸

11. "G91 G00 X50.0 Y－20.0；"表示（　　）。

A. 刀具按进给速度移至机床坐标系 $X=50$ mm、$Y=20$ mm 点

B. 刀具快速移至机床坐标系 $X=50$ mm、$Y=20$ mm 点

C. 刀具快速向 *X* 正方向移动 50 mm，*Y* 负方向移动 20 mm

D. 编程错误

12. 圆弧插补方向（顺时针和逆时针）的规定与（　　）有关。

A. *X* 轴　　B. *Y* 轴

C. *Z* 轴　　D. 不在圆弧平面内的坐标轴

13. 采用半径编程方法填写圆弧插补程序段时，当其圆弧所对应的圆心角（　　）

180°时，该半径 R 取负值。

A. 大于　　B. 小于　　C. 大于或等于　　D. 小于或等于

14. 在 *XY* 平面上，某圆弧圆心为（0，0），半径为 80，如果需要刀具从（80，0）点沿该圆弧到达（0，80）点，则程序指令为（　　）。

A. G02 X0 Y80.0 I80.0 F0.3；　　B. G03 X0 Y80.0 I－80.0 F0.3；

C. G02 X80.0 Y0 J80.0 F0.3；　　D. G03 X80.0 Y0 J－80.0 F0.3；

15. 在铣削一个 *XY* 平面上的圆弧时，圆弧起点在（30，0）、终点在（－30，0）、半径为 50，圆弧起点到终点的旋转方向为顺时针，则铣削圆弧的指令为（　　）。

A. G17 G90 G02 X－30.0 Y0 R50.0 F0.3；

B. G17 G90 G03 X－30.0 Y0 R－50.0 F0.3；

C. G17 G90 G02 X－30.0 Y0 R－50.0 F0.3；

D. G18 G90 G02 X30.0 Y0 R50.0 F0.3；

16. 圆弧插补指令"G03 X__ Y__ R__ F__；"中，X、Y 后的值表示圆弧的（　　）。

A. 起点坐标值　　B. 圆心坐标相对于起点的值

C. 终点坐标值　　D. 圆心坐标相对于终点的值

17. 下列指令中，属于非模态代码的指令是（　　）。

A. G90　　B. G91　　C. G04　　D. G54

18. 执行下列程序后，累计暂停进给时间是（　　）s。

N1 G91 G00 X120.0 Y80.0；

N2 G43 Z－32.0 H01；

N3 G01 Z－21.0 F120；

N4 G04 P1000；

N5 G00 Z21.0；

N6 X30.0 Y－50.0；

N7 G01 Z－41.0 F120；

N8 G04 X2.0；

N9 G49 G00 Z55.0；

N10 M30；

A. 2　　B. 3　　C. 1 002　　D. 1.002

19. 数控铣床的 G41 与 G42 指令是对刀具（　　）进行补偿。

A. 位置　　B. 半径　　C. 长度　　D. 角度

20. 当加工程序需使用几把刀时，因为每把刀长度总会有所不同，因而需进行（　　）。

A. 刀具长度补偿　　B. 刀具半径补偿

C. 刀具左补偿　　D. 刀具右补偿

21. 在数控铣床上用 ϕ20 mm 铣刀执行下列程序后，其加工圆弧的直径尺寸是（　　）mm。

N1 G90 G17 G41 X18.0 Y24.0 M03 H06；

N2 G02 X74.0 Y32.0 R40.0 F180；（刀具半径补偿偏置值是 20.2）

A. 80.2　　B. 80.4　　C. 79.8　　D. 79.6

22. 在数控铣床上铣一个正方形零件（外轮廓），如果使用的铣刀直径比原来小 1 mm，则加工后的正方形边长尺寸比原来（　　）。

A. 小 1 mm　　B. 小 0.5 mm　　C. 大 1 mm　　D. 大 0.5 mm

23. 用 ϕ12 mm 的刀具进行轮廓的粗、精加工，要求精加工余量为 0.4 mm，则粗加工偏移量为（　　）mm。

A. 12.4　　B. 11.6　　C. 6.4　　D. 6.2

24. 刀具长度偏置指令中，取消长度补偿用（　　）表示。

A. G40　　B. G41　　C. G43　　D. G49

25. 使用半径补偿功能时，下面可能会导致过切现象产生的是（　　）。

A. 程序复杂　　B. 程序简单

C. 加工半径小于刀具半径　　D. 刀具伸出过长

26. 沿着刀具前进方向观察，刀具中心轨迹偏在工件轮廓的左边时，用（　　）补偿指令。

A. 右刀或后刀　　B. 左刀

C. 前刀或右刀　　D. 后刀或前刀

27. 当采用刀具（　　）时，可有效避免对长度尺寸加工的影响。

A. 长度补偿　　B. 半径补偿　　C. 角度补偿　　D. 材料补偿

28. 设 H01 = 6 mm，则执行“G91 G43 G01 Z − 15.0 H01;”后的实际移动量是（　　）mm。

A. 9　　B. 21　　C. 15　　D. 11

29. 设 H01 = 6 mm，则执行“G91 G44 G01 Z − 15.0 H01;”后的实际移动量是（　　）mm。

A. 9　　B. 21　　C. 15　　D. 11

30. 刀具补偿包括长度补偿和（　　）补偿。

A. 半径　　B. 直径　　C. 轴向　　D. 以上均错

31. 下列（　　）指令不能取消刀具补偿。

A. G49　　B. G40　　C. H00　　D. G42

32. （　　）表示换刀指令。

A. G50　　B. M06　　C. G66　　D. M62

33. 采用 ϕ20 mm 立铣刀进行平面轮廓加工时，如果被加工零件是 80 mm × 80 mm × 60 mm 的开放式凸台零件，毛坯尺寸为 95 mm × 95 mm × 60 mm，要求加工后表面无进出刀痕迹，加工切入时采用（　　）。

A. 垂直于工件轮廓切入　　B. 沿工件轮廓切面切入

C. 垂直于工件表面切入　　D. A、B 都可以

34. 下列关于数控铣床取消刀补的说法正确的是（　　）。

A. 工件轮廓加工完成立即取消刀补

B. 工件轮廓加工完成撤离工件后取消刀补

C. 任意时间都可以取消刀补

D. 工件轮廓加工完成可以不取消刀补

四、简答题

1．平面选择指令有哪些？各指定何平面？

2．简述工件坐标系的设定过程。

3．默写 G02 与 G03 指令格式，并解释各字符的含义。

4．刀具半径补偿指令有哪些？各有何作用？

5．刀具长度补偿指令有哪些？各有何作用？

五、编程题

1. 加工如图 4 - 1 所示零件，毛坯尺寸为 100 mm × 80 mm × 30 mm，试编制其加工程序。

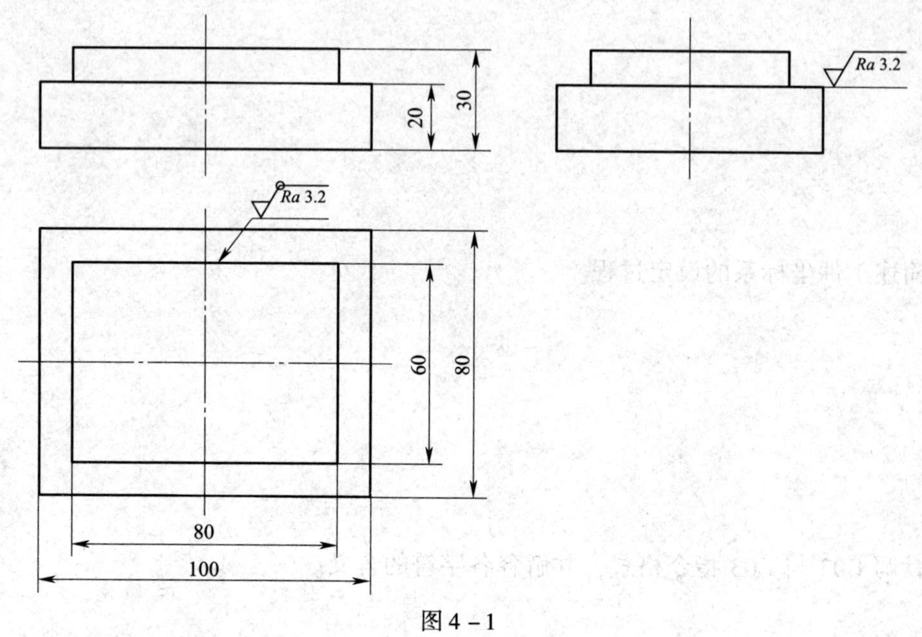

图 4 - 1

2. 加工如图 4－2 所示零件，毛坯尺寸为 100 mm×80 mm×30 mm，试编制其加工程序。

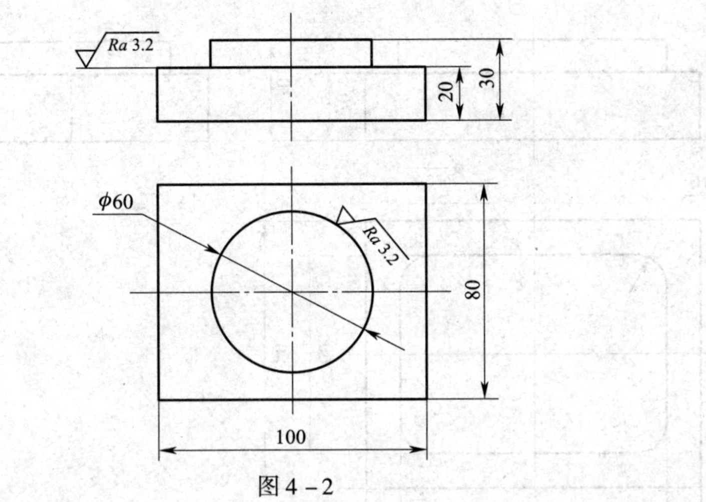

图 4－2

3. 加工如图 4－3 所示零件，毛坯尺寸为 100 mm×80 mm×30 mm，试编制其加工程序。

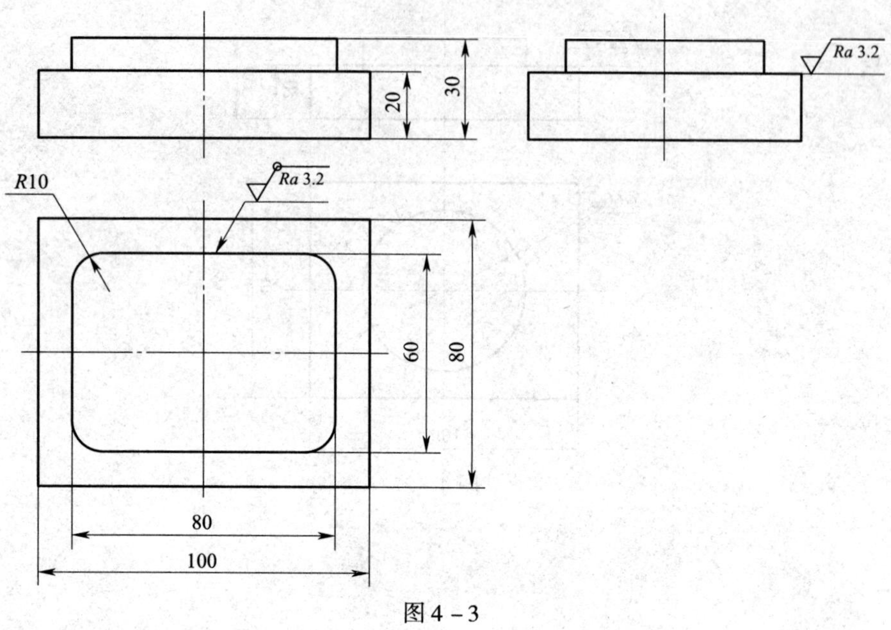

图 4－3

4. 加工如图 4－4 所示零件，毛坯尺寸为 100 mm×80 mm×30 mm，试编制其加工程序。

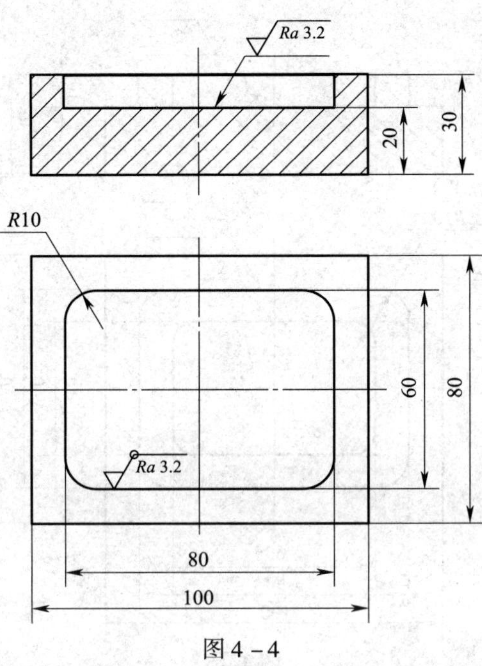

图 4－4

5. 加工如图4－5所示零件，毛坯尺寸为100 mm × 80 mm × 30 mm，试编制其加工程序。

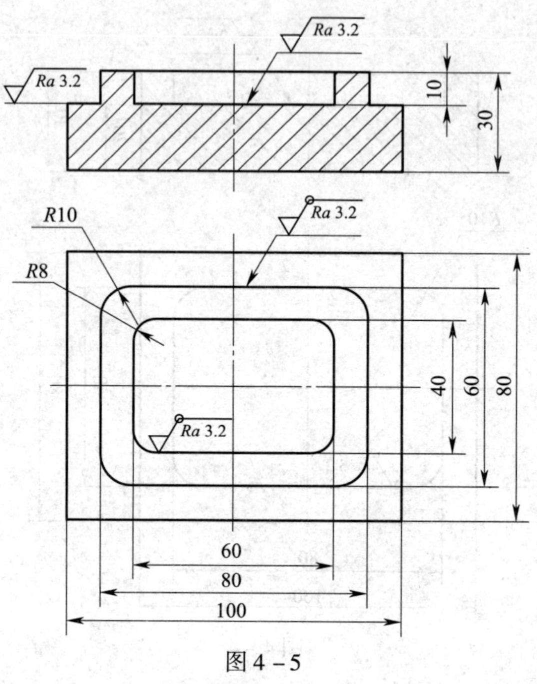

图4－5

§4-3 孔加工固定循环功能

一、填空题（将正确答案填写在横线上）

1. 在孔加工循环结束后刀具的返回方式有返回________平面和返回 *R* 点平面两种方式。

2. 深孔钻削循环指令为________，高速深孔钻削循环指令为________，攻右旋螺纹循环指令为________，攻左旋螺纹循环指令为________。

3. 以 FANUC 0i 数控系统为例，立式数控铣床上的钻、镗固定循环动作顺序可分解为________个动作。

4. 为安全下降刀具规定的一个平面为________平面，刀具进刀时由快速进给转为切削进给的平面为________平面。

5. “G98/G99 G73 ~ G89 X __ Y __ Z __ R __ Q __ P __ F __ K __;”中 Z 表示________，R 表示________。

6. G98 与 G99 指令的区别在于，________是孔加工完成后返回初始平面，________是孔加工完成后返回 *R* 点平面。

7. 返回初始平面方式指令为________，返回 *R* 点平面方式指令为________。

8. 孔加工循环指令为模态指令，一旦某个孔加工循环指令有效，在接着的所有（*X*，*Y*）位置均采用该孔加工循环指令进行孔加工，直到用________指令取消孔加工循环为止。

9. G82 与 G81 动作相似，唯一不同之处是________在孔底增加了暂停，因而适用于盲孔、锪孔或镗阶梯孔的加工，以提高孔底表面加工精度，而________只适用于一般孔的加工。

10. G73 指令通过________轴方向的啄式进给可以较容易地实现断屑与排屑，指令中的 Q 值是指每一次的________。

11. 执行 G85 循环，刀具以________进给方式加工到孔底，然后以________进给方式返回到 *R* 点平面。

12. 执行 G86 循环，刀具以切削进给方式加工到孔底，然后主轴________转，刀具快速退到 *R* 点平面后，主轴________转。

13. G89 动作与 G85 动作基本类似，不同的是 G89 动作在孔底增加了________，因此，该指令常用于阶梯孔的加工。

14. G84 指令使主轴从 *R* 点移至 *Z* 点时，刀具正向进给，主轴________转，攻进至孔底时主轴________转，返回到 *R* 点平面后主轴恢复________转。

15. 攻螺纹时进给量 F 根据不同的进给模式指定，当采用 G94 模式时，进给量 F 为________；当采用 G95 模式时，进给量 F 为________。

16. 指定固定循环之前，必须用辅助功能________指令使主轴正转。

二、判断题（正确的，在括号内打“√”；错误的，在括号内打“×”）

1. 孔加工循环指令为非模态指令。（　　）

2. 机床执行指令 G76 时，刀具从初始点移至 R 点，并开始进行精镗切削，直至孔底主轴准停，刀尖离开已加工表面（让刀），然后快速退刀，刀具复位。（　　）

3. G85 加工方式中，刀具是以切削进给方式加工到孔底，然后又以切削进给方式返回到 R 点平面，可以用于铰孔、扩孔等加工。（　　）

4. G74 指令为攻右旋螺纹，G84 指令为攻左旋螺纹。（　　）

5. G74 指令使主轴攻螺纹时正转，到孔底反转，返回到 R 点时恢复正转。（　　）

6. 数控铣床配备的固定循环功能主要用于钻孔、镗孔、攻螺纹等。（　　）

7. 取消固定循环可用 G80 指令，也可用 G00、G01、G02、G03 指令。（　　）

8. 在固定循环方式中，刀具半径补偿功能无效。（　　）

9. 指定固定循环状态时，必须给出 X、Y、Z、R 中的每一个数据，固定循环才能执行。（　　）

三、选择题（将正确答案的序号填写在括号内）

1. 在固定循环完成后刀具返回到初始点要用指令（　　）。

A. G90　　B. G91　　C. G98　　D. G99

2. R 点平面是指（　　）。

A. XY 平面　　B. YZ 平面

C. 工件的表面　　D. 离开工件一定距离的 XY 平面

3. 钻镗循环的深孔加工时需采用间歇进给的方法，每次提刀退回安全平面的是（　　）。

A. G73　　B. G83　　C. G74　　D. G84

4. 对一个厚度为 10 mm、Z 轴零点在下表面的零件钻孔，其中一段程序为“G90 G83 X10. 0 Y20. 2 Z4. 0 R13. 0 Q3. 0 F100. 0;”，其含义是（　　）。

A. 啄钻，钻孔位置在（10，20）点上，钻头尖钻到 $Z=4.0$ 的高度上，安全间隙面在 $Z=13.0$ 的高度上，每次啄钻深度为 3 mm，进给速度为 100 mm/min

B. 啄钻，钻孔位置在（10，20）点上，钻削深度为 4 mm，安全间隙面在 $Z=13.0$ 的高度上，每次啄钻深度为 3 mm，进给速度为 100 mm/min

C. 啄钻，钻孔位置在（10，20）点上，钻削深度为 4 mm，刀具半径为 13 mm，进给速度为 100 mm/min

D. 啄钻，钻孔位置在（10，20）点上，钻头尖钻到 $Z=4.0$ 的高度上，工作表面在 $Z=13.0$ 的高度上，刀具半径为 3 mm，进给速度为 100 mm/min

5. 在（50，50）坐标点，钻一个深 10 mm 的孔，Z 轴坐标零点位于零件表面上，则指令为（　　）。

A. G85 X50. 0 Y50. 0 Z－10. 0 R0 F50;

B. G81 X50. 0 Y50. 0 Z－10. 0 R0 F50;

C. G81 X50. 0 Y50. 0 Z－10. 0 R5. 0 F50;

D. G85 X50. 0 Y50. 0 Z－10. 0 R5. 0 F50;

6. 在钻孔加工时，刀具自快进转为工进的高度平面称为（　　）。

A. 初始平面　　B. 抬刀平面　　C. R 点平面　　D. 孔底平面

7. “G90 G99 G83 X __ Y __ Z __ R __ Q __ F __;” 中的 Q 表示（　　）。

A. 退刀高度　　B. 孔加工循环次数

C. 孔底暂停时间　　D. 刀具每次进给深度

8. 下列指令中能用于镗孔的是（　　）。

A. G82　　B. G84　　C. G85　　D. G73

9. “G84 X100.0 Y100.0 Z-30.0 R10.0 F2.0;” 中的 F2.0 表示（　　）。

A. 螺距　　B. 进给量　　C. 进给速度　　D. 抬刀高度

10. 主轴正转，刀具以进给速度向下运动钻孔，到达孔底位置后，快速退回，这一钻孔指令是（　　）。

A. G81　　B. G82　　C. G83　　D. G84

11. 取消固定循环应用（　　）指令。

A. G80　　B. G85　　C. G86　　D. G83

12. 要加工 ϕ6H7 深 30 mm 的孔，合理的用刀顺序应该是（　　）。

A. ϕ2.0 mm 麻花钻、ϕ5.0 mm 麻花钻、ϕ6.0 mm 微调精镗刀

B. ϕ2.0 mm 中心钻、ϕ5.0 mm 麻花钻、ϕ6H7 精铰刀

C. ϕ2.0 mm 中心钻、ϕ5.8 mm 麻花钻、ϕ6H7 精铰刀

D. ϕ1.0 mm 麻花钻、ϕ5.0 mm 麻花钻、ϕ6H7 麻花钻

四、简答题

1. 孔加工固定循环指令有哪些？各有何作用？

2. 初始平面和 R 点平面有何区别？

3. G98 与 G99 指令有何区别？

4. 默写孔加工固定循环指令格式，并解释各字符的含义。

5. G81 与 G82 指令有何区别？

6. G73 与 G83 指令有何区别？

7. G74 与 G84 指令有何区别？

五、综合应用题

1. 一个孔加工通常包含哪六个动作？画出刀具轨迹。

2. 阅读下列程序，逐行注释，并绘制各程序的加工轨迹。

```
O4001;
N1 G90 G54 G00 X0 Y0 Z100.0 S300 M03;
N2 G00 X0 Y-70.0;
N3 G01 Z-50.0 F100.0;
N4 X150.0;
N5 Y70.0;
N6 X-150.0;
N7 Y-70.0;
N8 X0;
N9 Z100.0;
N10 Y0 M05;
N11 M30;
```

3. 阅读下列程序，逐行注释，并绘制各程序的加工轨迹。

```
O4002;
N1 G90 G54 G00 X0 Y0 S1000 M03;
N2 Z100.0;
N3 G41 X20.0 Y10.0 D01;
N4 Z2.0;
N5 G01 Z-10.0 F100;
N6 Y50.0 F200;
N7 X50.0;
N8 Y20.0;
N9 X10.0;
N10 G00 Z100.0;
N11 G40 X0 Y0 M05;
N12 M30;
```

4. 阅读下列程序，逐行注释，并绘制各程序的加工轨迹。

```
O4003;
N1 G92 X-25.0 Y10.0 Z40.0;
N2 G90 G00 Z10.0 S300 M03;
N3 G41 G01 X0 Y40.0 F100 D01 M08;
N4 X14.96 Y70.0;
N5 X43.54;
N6 G02 X102.0 Y64.0 I26.46 J-30.0;
N7 G03 X150.0 Y40.0 I48.0 J36.0;
N8 G01 X170.0;
N9 Y0;
N10 X0;
N11 Y40.0;
N12 G01 G40 X-25.0 Y10.0 M09;
```

```
N13 G00 Z40.0 M05;
N14 M30;
```

5. 阅读下列程序，逐行注释，并绘制各程序的加工轨迹。

```
O4004;
N1 G92 X-25.0 Y10.0 Z40.0;
N2 G91 G00 Z-30.0 S300 M03;
N3 G01 G41 D01 X25.0 Y30.0 F100 M08;
N4 X14.96 Y30.0;
N5 X28.58 Y0;
N6 G02 X58.46 Y-6.0 I26.46 J-30.0;
N7 G03 X48.0 Y-24.0 I48.0 J36.0;
N8 G01 X20.0;
N9 Y-40.0;
N10 X-167.0;
N11 Y40.0;
N12 G40 G01 X-25.0 Y-30.0 M09;
N13 G00 Z56.0 M05;
N14 M30;
```

6. 读程序回答下列问题（精铣零件轮廓，厚度为 10 mm，采用 ϕ12 mm 的立式铣刀）。

（1）用实线画出零件轮廓。

（2）用虚线画出刀具中心轨迹图。

（3）用箭头和文字标明刀具运行的方向。

（4）用箭头和文字说明刀具偏移的方向和距离。

```
O4005;
N1 G90 G54 X0 Y0 Z100.0;
N2 G90 G00 X-40.0;
N3 G43 Z5.0 H01;
N4 S1000 M03;
N5 G01 Z-7.0 F100 M08;
N6 G41 G01 X-22.0 Y0 D01;
N7 G02 X-19.5 Y11.0 R22.0;
N8 G01 X-9.53 Y27.5;
N9 G02 X0 Y33.0 R11.0;
N10 G91 Y-66.0 R33.0;
N11 G90 X-9.53 Y-27.5 R11.0;
N12 G01 X-19.5 Y-11.0;
N13 G02 X-22.0 Y0 R22.0;
N14 G40 G01 X-40.0 Y0;
N15 G00 Z100.0 M09;
N16 X0 Y0 M05;
N17 M30;
```

六、编程题

1. 试用孔加工循环指令编写如图 4-6 所示零件上的 5 个 $\phi10$ mm 通孔的加工程序。

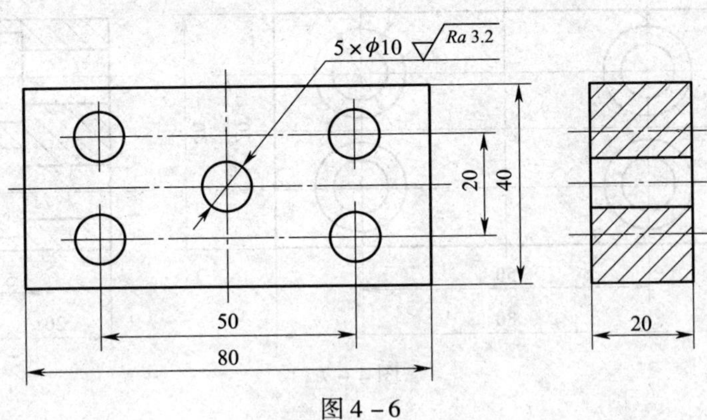

图 4-6

2. 试用孔加工循环指令编写如图 4－7 所示孔的加工程序。

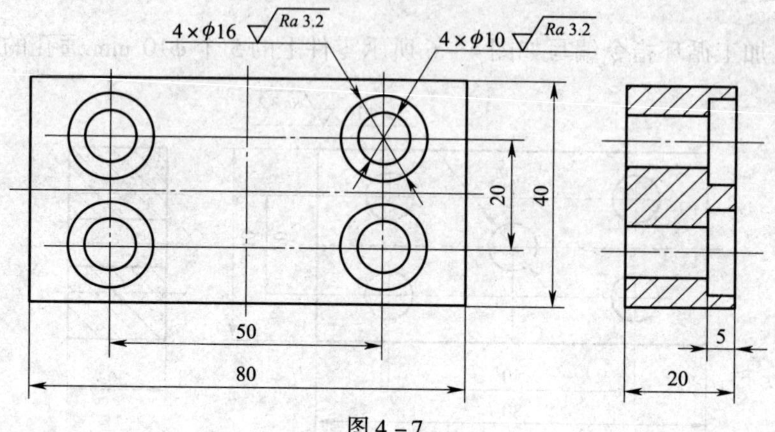

图 4－7

3. 精加工如图 4－8 所示零件中的四个孔（加工前底孔直径已分别加工至 $\phi11.8$ mm 和 $\phi29.5$ mm），零件材料为 45 钢，试编写该零件的数控加工程序。

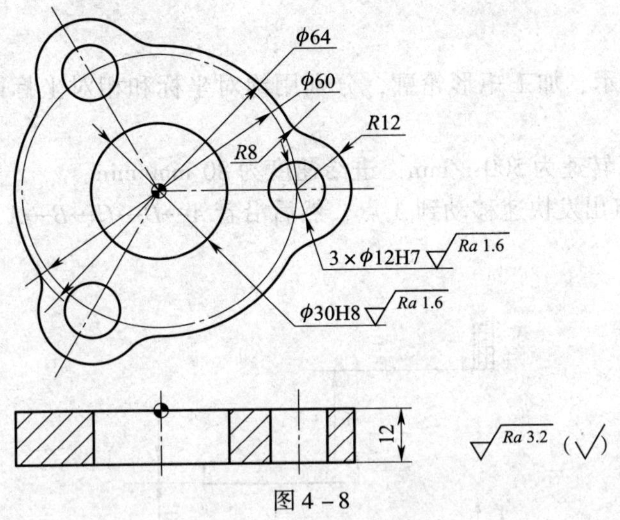

图 4－8

§4-4　综合零件编程实例

1. 如图4-9所示，加工矩形轮廓，分别用绝对坐标和相对坐标两种情况编制加工程序。具体要求如下：

（1）主轴正转，转速为500 r/min，进给速度为80 mm/min。

（2）刀具从 O 点出发快速移动到 A 点，然后沿着 $A \to D \to C \to B \to A$ 加工，再快速回到 O 点。

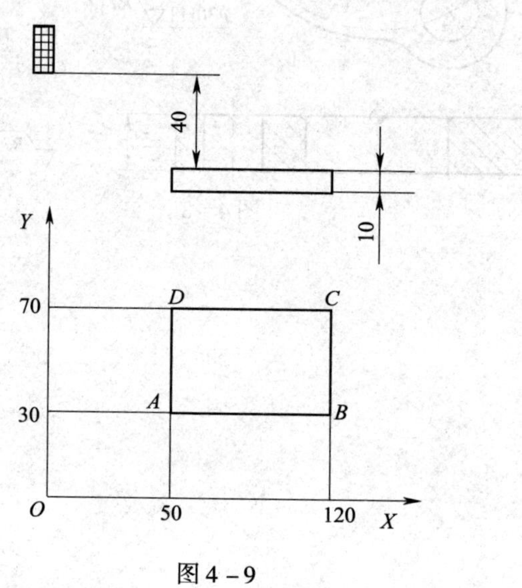

图4-9

2. 在数控铣床/加工中心上加工如图 4－10 所示的阶梯平面类零件，试编制其加工程序。

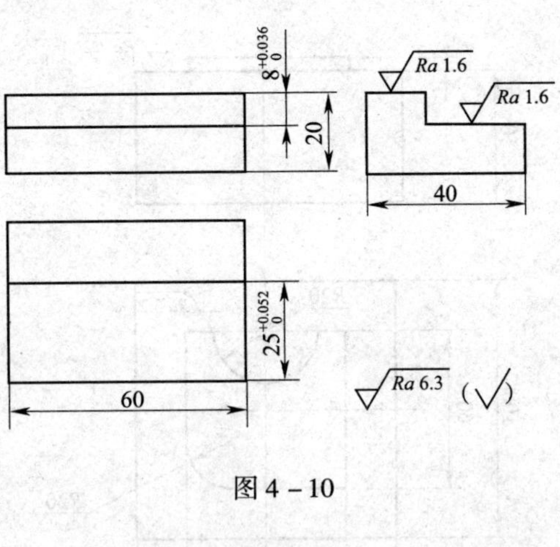

图 4－10

3. 加工如图 4－11 所示零件，试编制其加工程序。

选用 ϕ20 mm 的平底铣刀，加工参数为：主轴转速 900 r/min，进给量 100 mm/min，切削深度 5 mm。

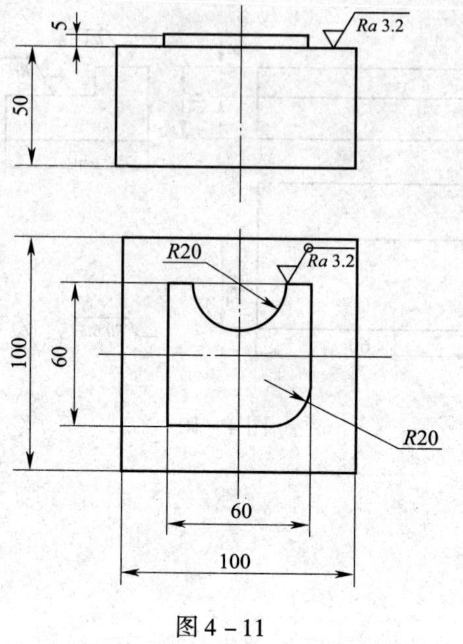

图 4－11

4．在数控铣床/加工中心上加工如图 4－12 所示的外轮廓零件，试编制其加工程序。

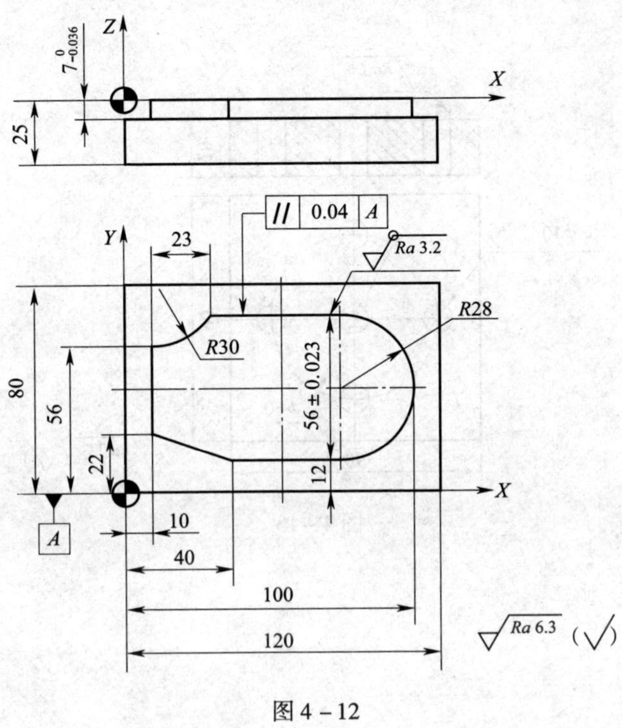

图 4－12

5. 加工如图 4 – 13 所示零件，需对 5 个 $\phi 10$ mm 的孔进行钻、扩、铰加工，并保证零件尺寸精度和表面粗糙度。试分析加工工艺，并编制加工程序。

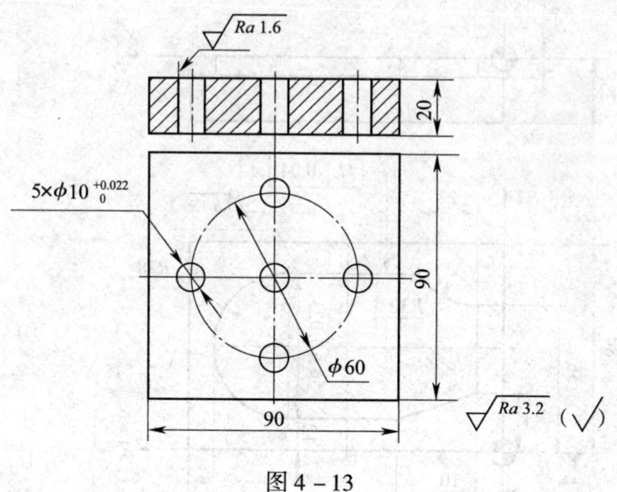

图 4 – 13

6. 在数控铣床/加工中心上加工如图 4－14 所示的孔类零件，试编制其加工程序。

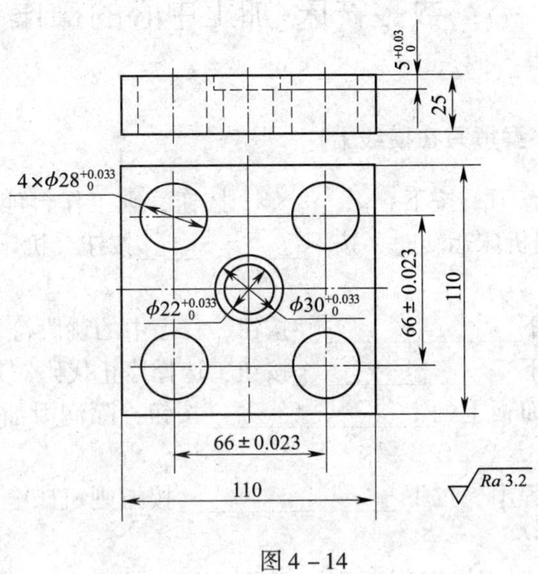

图 4－14

§4－5　数控铣床/加工中心的操作

一、填空题（将正确答案填写在横线上）

1．机床在自动运转状态下，按下__________按钮，则工作台停止运动，但机床的其他功能仍有效。当需要恢复机床运转时，按下__________按钮，机床从当前位置开始继续执行下面的程序。

2．在自动模式下，按下____________按钮，程序中的跳段符号“/”有效。

3．在自动模式下，按下____________按钮，选择停止代码“M01”有效。

4．如果按了机床操作面板上的____________按钮，除润滑油泵外，机床的动作及各种功能均被立即停止。

5．机床在自动运转过程中，按下____________按钮则机床全部操作均停止，因此可以用此按钮完成急停操作。

6．数控铣床/加工中心对刀操作分为 X、Y 向对刀和________向对刀。

7．寻边器主要用于确定工件坐标系原点在机床坐标系中的__________值，也可以测量工件的简单尺寸。

8．Z 轴设定器主要用于确定工件坐标系原点在__________坐标系中的 Z 轴坐标，或者说是确定刀具在机床坐标系中的高度。

9．数控铣床及加工中心的刀具补偿包括刀具的__________和长度补偿。

10．FANUC 0i 的刀具半径补偿包括__________半径补偿和磨耗半径补偿。

11．FANUC 0i 的刀具长度补偿包括__________长度补偿和磨耗长度补偿。

12．在数控铣床中，如果当前刀具刀位点在机床坐标系中的坐标显示为（150，－100，－80），用 MDI 功能执行指令“G92 X100.0 Y100.0 Z100.0;”后，屏幕上显示的工件坐标系原点在机床坐标系中的坐标将是__________；切换到工件坐标系显示后，当前刀具刀位点在工件坐标系中的坐标将是__________。若执行指令“G90 G00 X100.0 Y100.0 Z100.0;”后，当前刀具刀位点在工件坐标系中的坐标将是__________；若执行指令“G91 G00 X100.0 Y100.0 Z100.0;”后，当前刀具刀位点在工件坐标系中的坐标将是__________。

二、判断题（正确的，在括号内打“√”；错误的，在括号内打“×”）

1．机床在自动运转过程中，按下“复位”按钮则机床全部操作均停止，因此，可以用此键完成急停操作。（　）

2．机床在自动运转状态下，按下“进给保持”按钮，则工作台停止运动，主轴也停转。（　）

3．手动数据输入方式用于在系统操作面板上输入一段程序，然后按下循环启动键来执行该段程序。（　）

4．对刀的目的是通过刀具或对刀工具确定工件坐标系与机床坐标系之间的空间位置关系。（　）

5. 按 CAN 键可逐个删除输入域中的字符。（　　）

6. 如果按软键“+输入”，键入的数值将和原有的数值相加以后输入。（　　）

7. 无论是首次加工的零件，还是周期性重复加工的零件，首件都必须对照图样、工艺、程序和刀具调整卡，进行逐段程序的试切。（　　）

8. 试切和加工中，刃磨刀具和更换刀具后，一定要重新测量刀长并修改好刀补值和刀补号。（　　）

9. 操作中出现工件跳动、打抖、异响、夹具松动等异常情况时必须立即停机处理。（　　）

10. 自动加工过程中，允许打开机床防护门。（　　）

三、选择题（将正确答案的序号填写在括号内）

1. 数控铣床每次接通电源后在运行前首先应做的是（　　）。

A. 给机床各部分加润滑油　　B. 检查刀具安装是否正确

C. 机床各坐标轴回参考点　　D. 检查工件是否安装正确

2. 刀具磨损补偿值应输入系统（　　）中。

A. 程序　　B. 刀具坐标

C. 刀具参数　　D. 坐标系

3. 数控系统显示“NOT READY”报警信号，表示（　　）。

A. 数控系统未准备好　　B. 超程

C. 电流过大　　D. 电压过大

4. 数控系统显示“OVER TRAVEL”报警信号，表示（　　）。

A. 数控系统未准备好　　B. 超程

C. 电流过大　　D. 电压过大

四、简答题

1. 简述数控铣床的关机步骤。

2. 简述回参考点的操作步骤。

3. 简述采用寻边器对刀的过程。

第五章　数控仿真加工

§5-1　数控加工仿真软件的使用

一、填空题（将正确答案填写在横线上）

1. 常用的数控仿真软件有________数控仿真系统、________数控仿真系统、________数控仿真系统和________数控仿真系统等。

2. 启动宇龙数控仿真系统时，首先要启动________管理程序。

3. 宇龙数控仿真系统的工具栏中，“　”为________按钮，“　”为________按钮，“　”为________按钮，“　”为________按钮，“　”为________按钮。

4. 宇龙数控仿真软件可通过菜单栏中的________菜单选择数控系统类型和相应的机床。

5. 在宇龙数控仿真软件界面中，将光标放在手摇脉冲发生器上，按下鼠标左键，手摇脉冲发生器________旋转；松开鼠标左键，手摇脉冲发生器停转。

6. 宇龙数控仿真软件数控车床的操作系统中，定义毛坯时，可定义________毛坯和________毛坯。

7. 宇龙数控仿真软件数控铣床或加工中心的操作系统中，定义毛坯时，可定义________毛坯和________毛坯。

8. 宇龙数控仿真软件数控车床的操作系统中，每按一次零件位置调整对话框中的“　”或“　”调整按钮，工件向里或向外移动________ mm，卡盘装夹部位最长为________ mm，最短为________ mm，“　”按钮用于工件________。

9. 在数控车床选择刀具对话框中，首先选择________，再选择________，然后选择刀具角度、刀长和刀尖圆弧半径等参数，最后选择刀柄和主偏角。

10. 在数控铣床的选择夹具对话框中，可选择________和________两种夹具。

二、判断题（正确的，在括号内打“√”；错误的，在括号内打“×”）

1. 启动宇龙数控仿真软件的加密锁管理程序后，教师机右下角出现“　”图标，此时，在学生机上才可以启动仿真软件。（　　）

2. 宇龙数控仿真系统的机床操作面板是根据相应系统数控机床的实际操作面板定制而成。（　　）

3. 宇龙数控仿真软件除了可以模拟数控车床操作，还可以模拟数控铣床和加工中心操作。（　　）

4. 宇龙数控仿真软件系统中的MDI功能面板和真实数控系统相对应的MDI功能面板完全相同。（　　）

5. 操作宇龙数控仿真软件中的数控车床时，可以定义孔类毛坯。（ ）

6. 操作宇龙数控仿真软件中的数控车床时，卡盘装夹长度可以任意设定。（ ）

7. 宇龙数控仿真软件具有 DNC 导入功能，可将各种 CAD/CAM 软件生成的数控程序导入到相应的数控操作系统中。（ ）

三、选择题（将正确答案的序号填写在括号内）

1. 数控仿真加工系统的核心技术为（ ）。

A. 虚拟技术　B. 电子技术　C. 网络技术　D. 制造技术

2. 宇龙数控仿真软件工具栏中，图标“ ”的含义是（ ）。

A. DNC 传送　B. 选项　C. 控制面板切换　D. 测量

3. 宇龙数控仿真软件工具栏中，图标“ ”的含义是（ ）。

A. DNC 传送　B. 选项　C. 控制面板切换　D. 测量

4. 宇龙数控仿真软件工具栏中，图标“ ”的含义是（ ）。

A. 选择刀具　B. 定义毛坯　C. 控制面板切换　D. 测量

5. 宇龙数控仿真软件工具栏中，图标“ ”的含义是（ ）。

A. 选择刀具　B. 定义毛坯　C. 俯视图　D. 主视图

§5－2　数控车床仿真加工实例

一、判断题（正确的，在括号内打“√”；错误的，在括号内打“×”）

1. 在宇龙仿真软件数控车床操作系统中，只能定义棒料毛坯。（ ）

2. 工件掉头安装后，需对刀具进行重新对刀。对刀时，只需进行 Z 向对刀即可，X 向可沿用前面的对刀参数。（ ）

3. 仿真软件中如果对工件进行切断操作，则无法对工件进行“工件测量”操作。（ ）

二、选择题（将正确答案的序号填写在括号内）

1. 在工件测量界面下，不能显示（ ）的尺寸。

A. 工件长度　B. 毛坯长度

C. 工件直径　D. 圆弧圆心与端面距离

2. 在宇龙仿真软件数控车床操作系统中，装夹工件时，单击“ ”按钮一次，工件向外移动（ ）mm。

A. 10　B. 0.01　C. 0.001　D. 0.000 1

3. 在宇龙仿真软件数控车床操作系统中，在（ ）工作模式下，可以一段一段地运行程序。

A. 自动　B. 手动　C. 单段　D. 回参考点

三、简答题

1. 如何将编制好的加工程序导入到数控仿真软件中？

2. 简述仿真软件中外圆车刀的对刀步骤。

四、仿真练习

1. 在仿真软件中加工如图 5－1 所示零件，毛坯尺寸为 ϕ50 mm×105 mm。

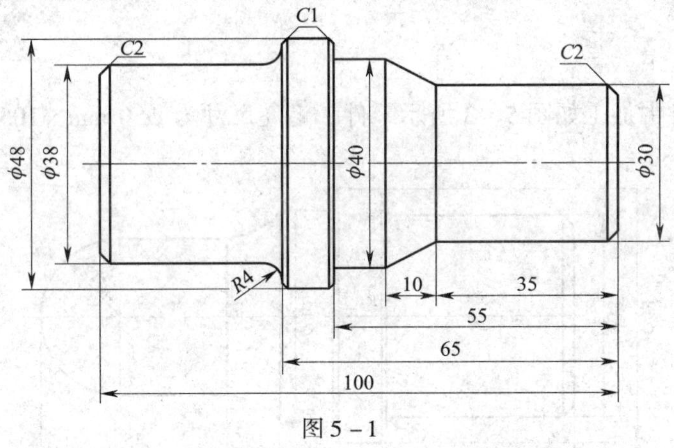

图 5－1

2．在仿真软件中加工如图 5－2 所示零件，毛坯尺寸为 ϕ50 mm × 105 mm。

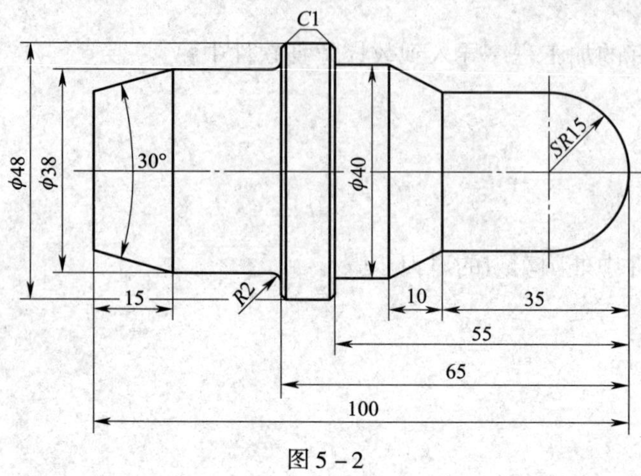

图 5－2

3．在仿真软件中加工如图 5－3 所示零件，毛坯尺寸为 ϕ50 mm × 105 mm。

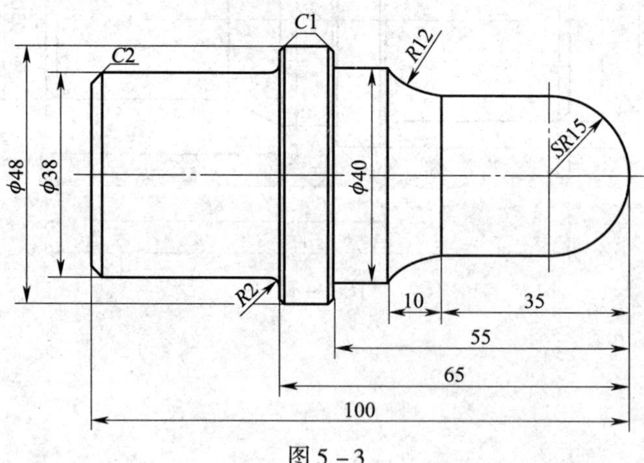

图 5－3

4．在仿真软件中加工如图 5－4 所示零件，毛坯尺寸为 $\phi50$ mm×105 mm。

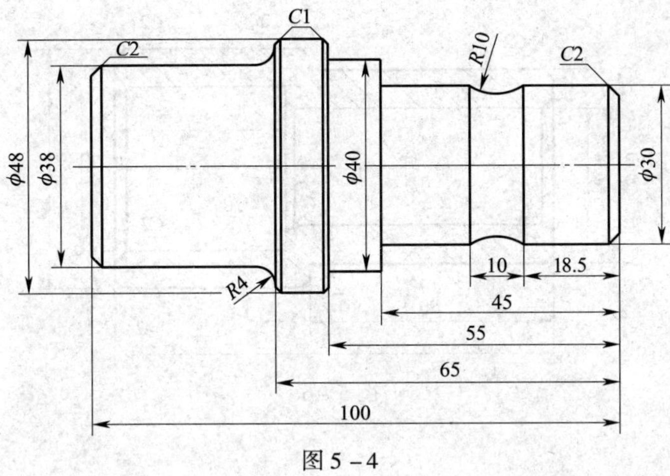

图 5－4

5．在仿真软件中加工如图 5－5 所示零件，毛坯尺寸为 $\phi50$ mm×105 mm。

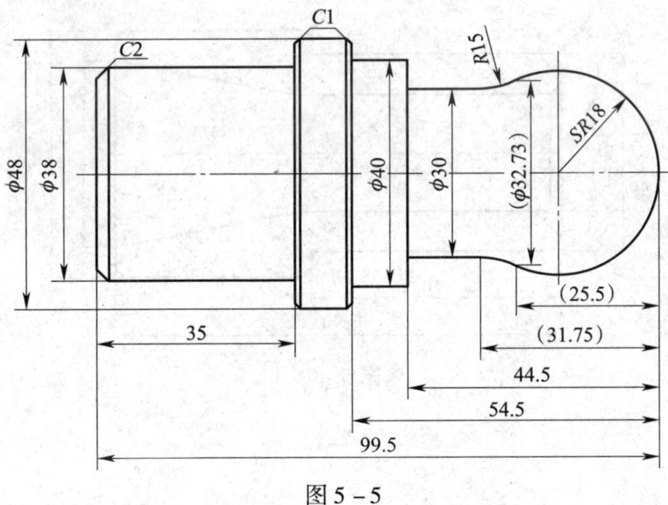

图 5－5

6. 在仿真软件中加工如图 5－6 所示零件，毛坯尺寸为 ϕ55 mm×95 mm。

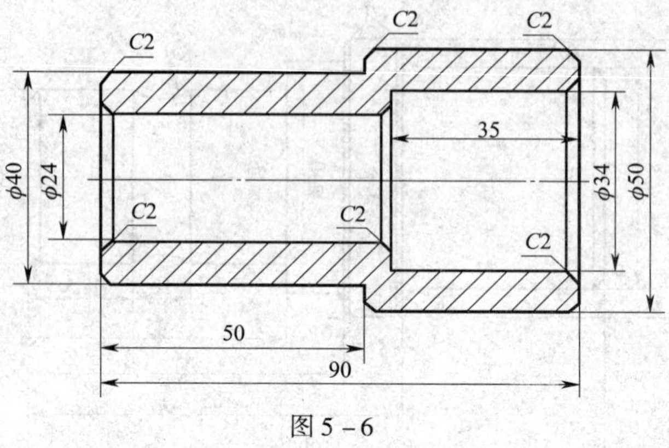

图 5－6

7. 在仿真软件中加工如图 5－7 所示零件，毛坯尺寸为 ϕ55 mm×95 mm。

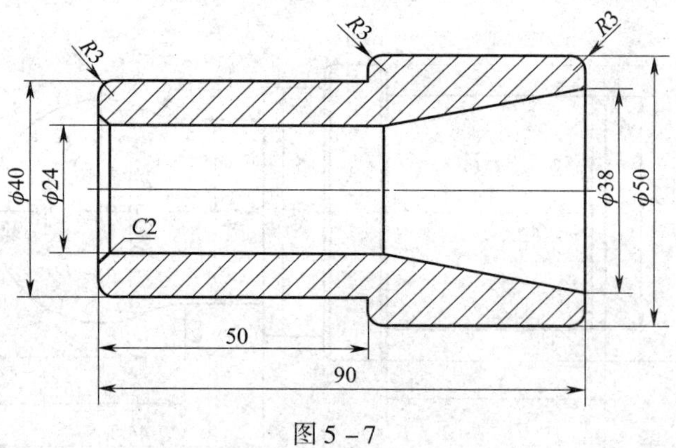

图 5－7

§5－3　数控铣床/加工中心仿真加工实例

1. 在仿真软件中加工如图 5－8 所示零件，毛坯尺寸为 100 mm×80 mm×15 mm。

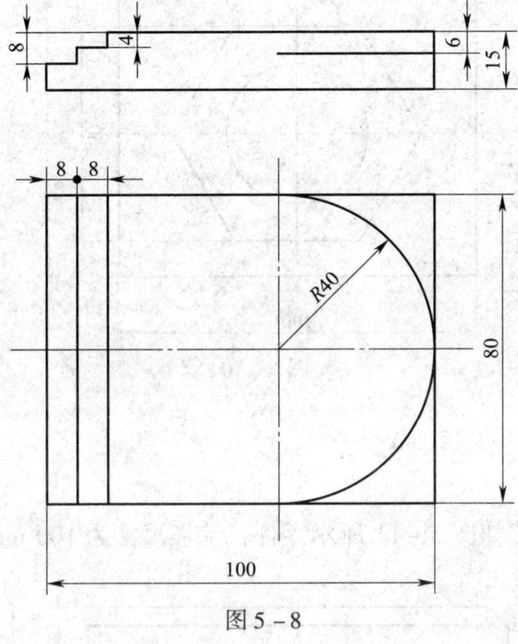

图 5－8

2. 在仿真软件中加工如图 5－9 所示零件，毛坯尺寸为 100 mm×80 mm×15 mm。

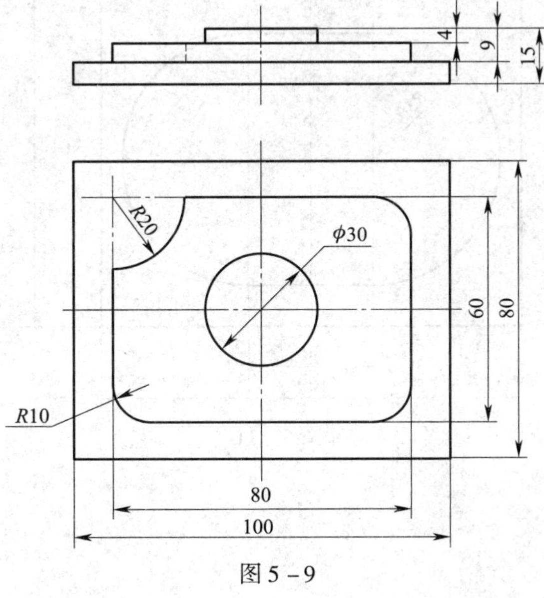

图 5－9

3. 在仿真软件中加工如图 5－10 所示零件，毛坯尺寸为 100 mm×80 mm×15 mm。

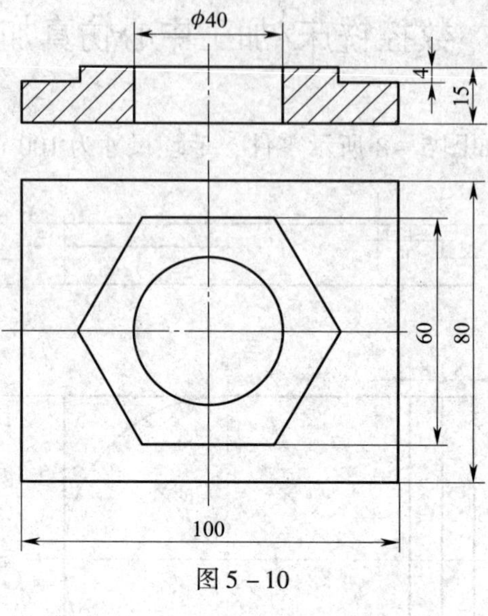

图 5－10

4. 在仿真软件中加工如图 5－11 所示零件，毛坯尺寸为 100 mm×80 mm×15 mm。

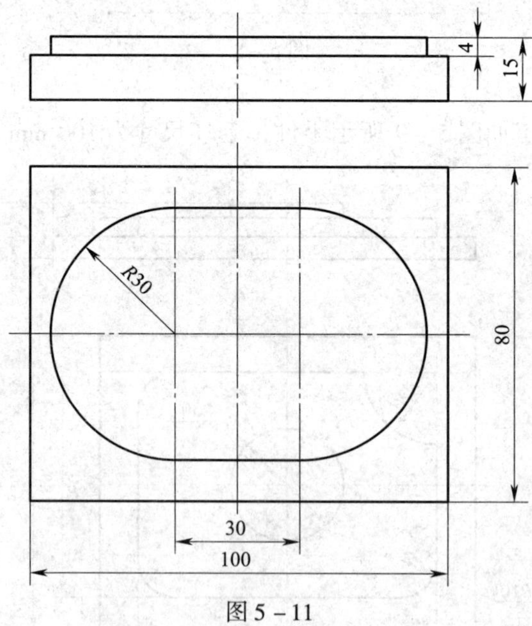

图 5－11

5. 在仿真软件中加工如图 5－12 所示零件，毛坯尺寸为 100 mm×80 mm×15 mm。

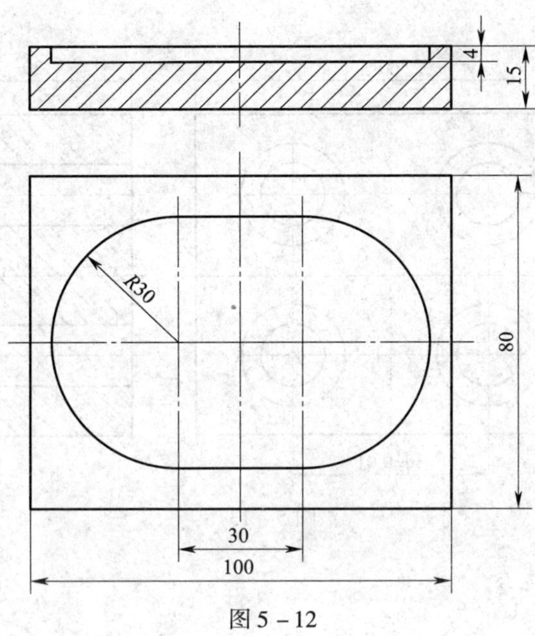

图 5－12

6. 在仿真软件中加工如图 5－13 所示零件中的孔，毛坯尺寸为 60 mm × 50 mm × 30 mm。

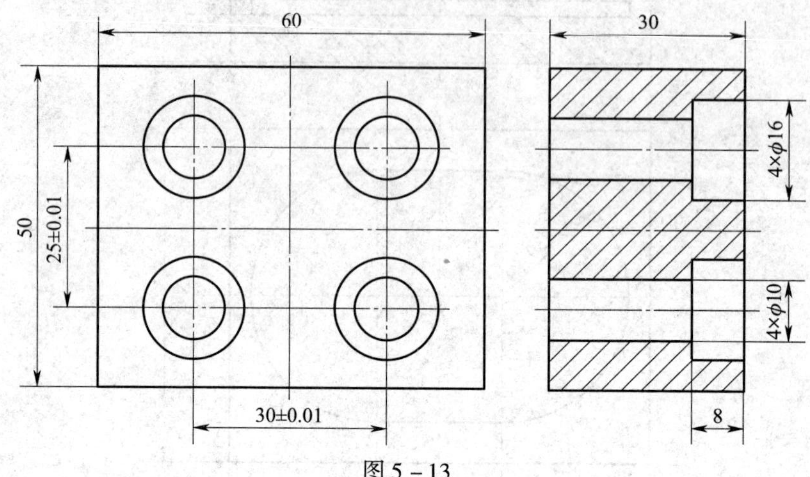

图 5－13

7. 在仿真软件中加工如图 5 - 14 所示零件中的孔，毛坯尺寸为 100 mm × 60 mm × 20 mm。

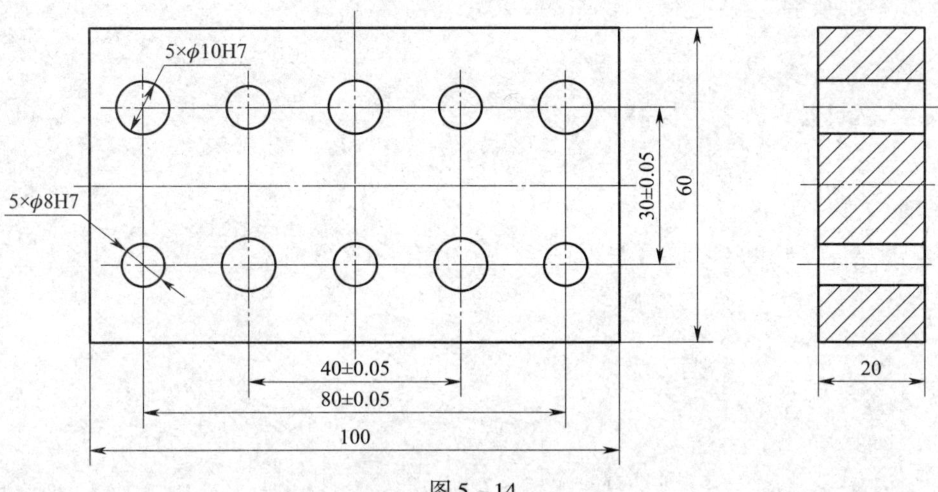

图 5 - 14